猪

养殖实用新技术

主　编

李铁坚

副主编

李　波　张崇玉　李润梅

编著者

（按姓氏笔画为序）

李　波　李瑞丰　李晓宇　李珊珊

李润梅　李润建　李铁坚　陈　辉

张　骋　张　倩　张崇玉　樊培华

顾　问

盖会全　李　庆

主　审

曲万文　李志奇

金盾出版社

内　容　提　要

　　本书为适应养猪业转型发展的需要组织多位专家精心编写而成。内容包括：猪的生物学特性与经济特性，市场的调研与评估，养猪场建设新要求，创新养猪设备，猪育种的新目标、新措施、新成果，猪营养与饲料科技新进展，猪病防治新技术，猪群福利化饲养管理新技术，无公害生猪生产新要求。本书技术先进，推广性强，可供大专院校相关专业师生及养猪企业技术人员和基层农业技术推广人员阅读参考。

图书在版编目(CIP)数据

　　猪养殖实用新技术/李铁坚主编 . — 北京 ：金盾出版社，2016.2(2019.5 重印)

　　ISBN 978-7-5186-0530-9

　　Ⅰ.①猪…　Ⅱ.①李…　Ⅲ.① 养猪学　Ⅳ.①S828

　　中国版本图书馆 CIP 数据核字(2015)第 215649 号

金盾出版社出版、总发行

北京市太平路 5 号(地铁万寿路站往南)

邮政编码：100036　电话：68214039　83219215

传真：68276683　网址：www.jdcbs.cn

三河市双峰印刷装订有限公司印刷、装订

各地新华书店经销

开本：850×1168 1/32　印张：5.75　字数：134 千字

2019 年 5 月第 1 版第 5 次印刷

印数：13 001～17 000 册　定价：17.00 元

(凡购买金盾出版社的图书，如有缺页、
倒页、脱页者，本社发行部负责调换)

目　录

第一章　概　述

新中国成立后,我国的养猪业得以迅速恢复和发展。改革开放以来,养猪业进入迅速发展期。

一、我国养猪业的成就

(一)养猪数量和猪肉产量大幅增加

1952 年,我国出栏肥猪仅 0.65 亿头,2010 年增加到 6.669 亿头,是 1952 年的 10.26 倍;1952 年我国的猪肉产量为 325 万吨,2010 年增加到 5 071.2 万吨,增长 14.6 倍。人均占有猪肉量,1957年 6.72 千克,2010 年达到 37.87 千克;2010 年,我国出栏猪 6.668 6亿头,为全球出栏总头数的 53%。2011 年全世界猪肉产量为 1.09亿吨,我国猪肉产量 5 053 万吨,占 46.36%。因此,我国已成为世界第一养猪大国。

(二)规模养猪加快发展

2002—2010 年,年出栏 50 头以上的养猪场(户)占全国养猪场(户)的比例由 1%上升到 4.35%,出栏头数的比例从 27.3%上升到64.5%。其中,年出栏 500～2 999 头的中型养猪场发展最快,其比例从 2002 年的 0.036%,发展到 2010 年的 0.322%,虽然只增加约0.3%,但占出栏头数的比例从 2002 年的 4.853%,增加到 2010 年的 19.139%,增加约 14.3%。

年出栏 3 000 头以上的猪场占全国养猪总户数的比例,从 2002 年的 0.004%,上升到 2010 年的 0.035%;占出栏头数的比例,从 2002 年的 5.24%,增加到 2010 年的 15.404%。

(三)养猪科技水平普遍提高

20 世纪 80 年代,直接从事养猪的人员大多是文盲半文盲,只要不怕苦不怕累就行了。到了 90 年代,已是中学毕业生养猪了。到 20 世纪末、21 世纪初,大多是大学生养猪了,少数是硕士、博士养猪了。

20 世纪 80 年代还是副业养猪为主,有啥喂啥,效益极差。20 世纪末、21 世纪初,大多选用优良品种、使用配合饲料或混合饲料喂猪。靠养猪致富奔小康的人数越来越多。

(四)养猪已是促进国民经济发展的一大产业

养猪业的快速发展,丰富了城乡人民的"菜篮子",对改善人民膳食结构、提高人民生活水平以及稳定物价水平等方面,都发挥了重要作用,同时还带动了饲料加工业,屠宰、冷藏与食品加工业,生物医药工业,皮革加工业以及物流业的发展,拉长了产业链,扩大了就业,增加了税收。因此,养猪业是促进国民经济发展与改善民生的重要产业。

二、存在问题

(一)生产水平比较低

我国养猪业虽取得了重大进步,但发展不平衡。虽有先进养猪企业带头示范,但从全国来看,在某些项目上与发达国家相比还有一定的差距。表现在母猪的产仔成活率较低,整体上平均每头母猪年提供的育肥猪数量比较少(13头左右),尤其是中小型养猪场(户),在养猪理念和经济条件等方面差距较大,使新技术、先进设备的应用受到限制,用传统的观念和落后的饲养管理模式,饲养着现代瘦肉型猪,导致猪群长期处于亚健康状态,易受疾病的冲击,在季节交替、疫病流行期,有的甚至全群覆灭,造成重大的经济损失。

(二)人员培训跟不上形势发展

由于养猪业的发展较快,人员培训跟不上,职工素质较低,管理跟不上,留不住人的状况普遍存在,这是制约养猪业进步的最关键问题之一。

(三)环保问题还比较突出

相当一部分养猪单位还处于脏乱差状态。污水和有害气体污染严重,老鼠成群,蚊蝇满天飞,仍有在饲养区喂猫、犬及养鸟等现象,造成猪群疫病持续发生,效益低下。应该分类指导,抓紧整治。

三、前进方向

鉴于以上原因,我国的养猪业必须转型发展。从粗放型向集约型转变,从数量型向质量型转变,从主要依靠投入向主要依靠科技进步方向转变。在科学发展观的指引下,实现绿色发展、循环发展、低碳发展与可持续发展。

逐步建立一支稳定的高素质的养猪队伍是当务之急。养猪业既是密集型企业,也是高技术行业,只有具有良好的思想品质、热爱本行业,又具有现代科技知识的人,才能适应现代养猪业发展的需求。

在以巩固发展适度规模养猪为主要目标的同时,实行养猪模式多样化。

在城市郊区、工矿区、外贸基地,要着力发展集约化、工厂化、现代化养猪场,便于实现高科技、高投入、高产出的养猪业。

在农区,要着重发展家庭猪场、小区猪场、小规模猪场,充分利用农副产品养猪。

在林区,实行放牧养猪或放牧加补饲的养猪方式。充分利用无毒树叶、青草、地下昆虫发展养猪。

在边疆牧区,要着力发展用现代科技武装的放牧养猪;在内地人员稀少的河边、湖畔、草原上也可以实行新式放牧或放牧与舍饲相结合的养猪方式。

不管实行哪一种养猪方式,都必须坚持因地制宜、规模化、生态化。

着力发展养猪产业化,鼓励支持发展产、供、销一体化,屠宰、冷藏、加工系列化或"公司＋农户"或"公司＋合作社＋农户"的模式,推广订单养猪,彻底解决卖猪难问题。

对广大散养户,力争做到统一规划猪场猪舍;统一供仔猪;统一供饲料;统一防疫;统一管理;统一销售。提高养殖效益。

狠抓猪粪尿的厌氧发酵与综合利用,使猪粪处理无害化、资源化。

必须放弃单纯依靠"豆粕＋玉米＋添加剂"的饲养模式,大力实行节粮高效养猪技术。显著降低养殖成本。

建立健全优良种猪的繁育体系,不断提高猪群质量。

逐步实行标准化管理,扩大市场投入。

必须继续加强饲料的生产、采购、贮藏、加工工作,提高饲料配制水平。确保饲料新鲜、清洁、无毒。

必须设法节约能源,逐步开发利用清洁能源。

必须把养猪场全封闭运行,全面做好卫生防疫工作,确保猪群安全。

必须像重视种猪场建设那样,重视植树、种草,把养猪生产与林业生产密切结合起来,互相促进。

四、猪的生物学特性

家猪由野猪驯化而来,在历经 8 000～10 000 多年的养猪历史中,猪发生了巨大变化,虽保留了野猪的一些习性,但更多的是有家养牲畜的特征、特性。在"五谷丰登、六畜兴旺"的农耕生活时代,养猪生产发挥了重要作用。在现代经济当中也发挥了更加重要的作用。

要养好猪必须了解猪的生活习性与生理特性,不仅要了解猪群共同特性,还要了解不同类型猪的生理特点,才能因势利导,发挥养猪生产的更大效益。

(一)猪需要关爱

最新的科学研究成果表明,猪也会哭。科研人员在对动物园的猪经过一段时间的观察和实验后得出结论:猪也有七情六欲,它们能体会到痛苦、疲劳、兴奋、紧张,甚至爱情。

研究人员还发现,如果把一只猪孤立起来,不让它与其他猪玩耍,猪就会感到很压抑和沮丧。如果猪缺少关爱,那么它的健康状况就会下降,很容易生病。因此,要大兴人文养猪、福利养猪与亲和养猪。

(二)繁殖力强

猪的发情早,孕期短,世代间隔短。我国的莱芜猪 3～4 个月达性成熟,1 头能繁母猪,1 年内可以达到 3 代同堂,百口成家。国外经产母猪平均每胎产仔 10 头左右,我国地方猪如莱芜猪、太湖猪经产母猪可达 15 头左右,少数达 20 头以上。所以,养猪的周期短、周转快。

(三)生长期短、发育快

与牛、羊比较,猪的胚胎生长期最短,但生长强度大。猪出生后体重达到初生重 1 倍的时间只需 7～10 天,绵羊则需 15 天,山羊 22 天,牛 43 天,马 60 天。10～12 月龄体重本地猪可达 80～100 千克以上,而培育猪能达 120～200 千克及以上。每头母猪每年可生产肉猪 16 头以上,生产猪肉 1 600～2 300 千克及以上。

(四)屠宰率高

中等肥度的猪屠宰率为 65%～75%,优良品种可达 80% 左右。而牛仅为 50%～60%,羊为 44%～52%。

(五)不耐热、仔猪不耐寒

猪的汗腺不发达,皮下脂肪厚,散热力差。再加上被毛稀少,造成对光化性照射的防护力差,所以猪不耐热,易患日照病和热射病。

猪需要的适宜温度为 15℃～23℃。年龄较大的猪环境温度达 30℃～32℃时,直肠温度会开始升高;若环境温度升至 35℃,而空气相对湿度为 65% 以上,猪也难于忍受;到了 40℃,不管湿度多大,猪都受不了。

仔猪由于皮下脂肪少,皮薄、毛稀,体表面积相对较大(相对体重来说),加上体温调节功能尚不健全,所以格外怕冷、怕潮湿。初生仔猪最适温度为 34℃～35℃,以后随着日龄增加,每天可降低 2℃。

(六)嗅觉灵敏,视觉不发达

猪群个体之间的联系主要靠嗅觉保持,不同群的猪或离群很久又返群的猪,由于气味不同,就要遭到排斥与攻击。仔猪出生后固定奶头就是靠气味辨别,刚生下的仔猪寄养很容易,相隔两三天就困难多了。猪寻找食物也靠嗅觉,猪能嗅到 1 米之内的食物或其他物品。

(七)听觉敏感

猪对轻微的声响也能察觉,并能辨别其强弱、急缓、远近,尤其听到饲具的撞击声,会立即发出求食的叫声。对生疏的音响会引起惊恐不安。

(八)定居漫游,群体位次明显

在无猪舍的情况下,表现出定居漫游的特性。同窝猪过群体生活,合群性好。不同窝断奶仔猪并窝饲养时,通常通过打斗形成强弱位次关系,按位次正常程序生活。

猪还是多相睡眠动物,一天内生活与睡眠交替多次。

(九)猪是杂食动物

我们知道,肉食动物的犬齿和门齿很发达,臼齿呈侧扁形,齿冠具有尖锐突起,便于食肉时锉碎肉中肌纤维;草食动物门齿、犬齿均不发达,齿冠具有台面,上列槽纹,便于磨碎饲草中的粗纤维。猪是杂食动物,其齿形兼有肉食动物与草食动物二者的优点,犬齿、门齿和臼齿均很发达,下门齿呈并联状,且向前突出,是掘食地下动、植物饲料的有力工具,臼齿则具有草食动物齿形的特征和功能。

由于猪是杂食动物,能够比较充分地利用各种饲料,因而我国采取的以粮食饲料为主、适当搭配青粗饲料养猪的方法,以猪的生物学特性来说,是有其科学根据的。

(十)猪是单胃动物

在牛、羊等复胃动物的瘤胃中,有大量共生细菌和原虫,可以分解粗饲料中的纤维素,使之变成牛、羊能够吸收利用的营养物质。猪是单胃动物,只有大肠和盲肠中共生着分解纤维素的细菌,因此猪一方面能够利用一部分粗饲料,特别是青绿饲料;另一方面,如果粗饲料过量,超过猪单胃消化能力,就不能获得良好的效果。猪对各种饲料的消化利用能力大致如下:①猪对各种青草类饲料的消化能力较强,能消化其中有机物质的 64.6% 和粗纤维的 54.7%,这就是提倡适量利用青绿饲料养猪的科学根据。②猪对于优质干草的消化利用能力也较好,可消化其有机物质的 51.2% 和粗纤维的 36.4%。因此,收贮干草类饲料,要注意保证质量。③猪对精饲料可消化其有机物质的 76.76% 和粗纤维的 20.6%。

(十一)猪对饲料的消化利用能力与其年龄有关

对饲料的消化利用能力,成年猪较幼龄猪强。试验证明,成年猪对有机物质、粗纤维、粗脂肪、粗蛋白质、无氮浸出物的消化率,分别比幼龄猪高 4.7%、60%、11.1%、12.4% 和 1.7%。可见幼龄猪对饲料中各种营养物质的消化率均低于成年猪,而对纤维素的消化利用能力则特别低。因此,饲喂成年猪可多喂些青粗饲料。

(十二)采食量对猪的消化能力无显著影响

试验证明,分别用含有 627 克和 1 255 克干物质的日粮喂猪,前者较后者对有机物质、粗蛋白质、无氮浸出物、粗纤维质的消化率分别高 0.2%、4.8%、1.7% 和 0.4%。由于猪具有消化利用大量饲料的能力,饲喂必须管饱,才能充分发挥猪对饲料的消化利用能力。

(十三)应激反应

引入猪种,受环境突变或强烈刺激,如追赶、挤压、捉拿、高温、暴寒、饲料突变、电麻、噪声等,会出现应激反应,表现兴奋、惊恐、呼吸和心跳加快、减食或食欲废绝等应激综合征,出现 PSE 或 DFD 肉。皮特兰猪出现次数较多,大约克夏猪较少,我国地方黑猪没有应激反应或十分轻微。因此,对国外引入品种要加强饲养管理,保持安静、舒适的环境,避免强烈刺激。另外,可通过氟烷测验将带有阳性基因的猪淘汰掉。

五、猪的经济特性

当猪价高位运行并带动物价上升的时候,你会明显地感觉到,养猪业与国民经济发展有着密不可分的关系。

(一)为城乡居民提供优质猪肉及其副产品

猪肉组织蛋白与人体组织蛋白结构相近,容易消化吸收利用。李时珍:"猪肉性寒味甘,有滋养补虚的作用。"猪肉可以烹调出各种美味佳肴,满足人们的需求。猪胴体各组织的比例为:肌肉组织50%~60%,脂肪组织20%~30%,骨组织15%~22%,结缔组织9%~14%。尤其是我国地方黑猪猪肉肌纤维细嫩,煮后香味浓郁,营养价值高。猪肉中尚有各种维生素和矿物质,有益于人们的保健。

猪的心、肝、胃、肺、脾、肾、肠、膀胱、脑、蹄、骨髓、肠组织、肉皮等,都是营养滋补品,在中医看来,都是药材,用得适量、适时都有补养作用。

在我国,"粮猪安天下""民以食为天"。猪肉安全与粮食安全一样,始终是关系国民经济发展和社会安定的根本问题之一。

(二)为轻工业和制药等行业提供原料

为食品加工业提供原料。猪肉及其副产品可制成多种加工食品,如金华火腿等腌制食品;白肚、酱肉、卤猪肝、糟肉等烧制品;烤乳猪、叉烧猪等烤制品;炸肉皮、炸丸子、炸猪排等炸制品;香肠、香肚和火腿肠等灌肠制品;肉松、肉干等脱水制品等。

鬃毛能制成高档刷子,非化学原料能代替,比如航空用刷。鬃毛也是传统的大宗出口商品。

另外,猪皮为皮革制造业提供原料;为制肥皂和化妆品提供油脂;肠衣畅销国内外;骨可制成骨粉、骨胶等加工品。

(三)为医学提供供体或实验动物

猪的生理结构、基本组成和人类有极大相似之处,现已成功为烧伤病人提供植皮暂替物;为盲人供人造网膜的基质物;为糖尿病患者提供实验动物和供体;无特定(规定)病原体猪还可做药物代谢动力学试验、药品热源性试验、毒理学试验、饲料和饮水试验。利用生物工程技术逐步克服排异反应,为人类提供器官移植等。

实验证实,猪膀胱提取物——促生长激素(名为"细胞外间质")的促进细胞生长物质,能使失去的肌肉奇迹般地长回来;猪膀胱提取物还能增强伤口愈合以及组织再生能力,刺激断指再生。

此外,猪的粪尿可为农作物提供有机肥料,为制作沼气、沼气发电提供原料,也可经过加工制作饲料;猪肉及其副产品以及加工品可换取大量外汇,支援国家经济建设;把猪作为宠物饲养已成为欧美各国居民的习惯;由于猪的嗅觉灵敏,德国警方曾雇用一头叫施罗德的猪进行缉毒,表现优异。

第二章　市场的调研与评估

党的十八届三中全会通过的《中共中央关于全面深化改革若干重大问题的决定》中指出："使市场在资源配置中起决定性作用和更好发挥政府作用。"为我们发展养猪业指明了前进的方向。我国的养猪业是在社会主义市场经济影响下的生产事业,也是计算机信息网络技术飞速发展时代的养猪业。只有对市场进行周密调查,研究整体供求形势,才能认识市场,预测市场演变规律,使养猪业永远立于不败之地。

一、市场调研

【案　例】 山东省泰安市有一养猪大户孔祥山,年产生猪近万头。原来祖辈都是生产茶叶的,由于茶叶都是批发,不能及时拿到现钱,于是改行养猪。由于他有市场意识,有商业头脑,运行起来总是盈利。他有两个孩子,大学毕业后和他一起搞养猪,一个是学经济管理的,为他预测市场;另一个是学计算机的,帮他核算经济收入。后来,发现上海缺猪源,又有闲置的屠宰生产线,他就把猪运到上海,租生产线杀猪,杀1头猪只交3元钱,使他又增加了收入。

市场调查可通过向政府主管部门咨询,同行交流,阅读行业报刊信息,也可通过互联网获取所需要的各种信息。

市场按区域可分为国际市场和国内市场,国内市场又可分为整体市场和各省、自治区、直辖市的市场。

按产品类型分,又可分为仔猪市场、生猪市场和种猪市场以及加工产品市场。

　　根据市场调研,特别是计算机网络的互动能提供高效率、低成本的市场调研途径,掌握全面准确的信息,发挥本企业有利条件,制定最佳的营销策略,提高市场占有率,以期取得更好的经济效益。

二、营销策略

(一)产品策略

　　产品质量包括种猪质量、仔猪质量和生猪质量。质量永远是第一位的,包括健康、无病、生命力强、纯度高、档案明细等几方面。总之,要打造品牌,宣传品牌,维护品牌,提高市场占有率。

(二)服务策略

　　美国著名学者维特断言:"新市场的竞争主要是服务的竞争。"养殖场的社会服务体系如下。

　　1. 售前服务　为新建猪场提供规划设计服务,为老猪场改造提供修改技术服务;为各地养猪场和养猪大户培训科技人员。

　　2. 售中服务　为用户提供种猪系谱材料,提供运输车辆,提供转场饲料。

　　3. 售后服务　实行质量保证承诺,对售出种猪、仔猪和生猪进行跟踪服务。

(三)建立客户管理系统

　　包括用户上诉和用户投诉管理档案,设计种猪质量跟踪卡,加强与用户联系。经常与客户沟通,密切关系。

（四）培养一支能征善战的营销队伍

营销工作是一件特别辛劳的工作,必须具有丰富的专业知识与社会知识,对营销人员的要求:①知识丰富。具有养猪专业知识、经济管理知识、市场知识、计算机知识、社会知识、法律知识和心理学知识等。②具有较强的语言表达能力,并有端庄的仪表与良好的风度。③具有较好的书写能力,及时将了解记载的信息向总部报告,并宣传产品的优势。④热爱本企业,具有强烈的团队意识、事业心、责任心。⑤尊重顾客,了解顾客,善于与顾客沟通。⑥能保守企业秘密,工作刻苦勤奋。

（五）营销人员的管理

对营销人员要先培训,后上岗,持证上岗;对营销人员由专门部门管理,专人负责;政治上信任,生活上关怀,感情上沟通,定额销售,超额有奖,超大额有大奖,多劳多得。

对不适合做营销工作的人员要及时调整,防止来源不明、身份不实的个别营销人员假公济私,甚至携款逃跑。

三、猪粮比价

猪粮比价是指活猪单位体重价格与玉米单位价格之比。它反映养猪效益与盈亏状况,也是国家实施调控措施的重要依据。我国以玉米为对比对象,因玉米占日粮的 $50\%\sim60\%$。

猪粮比价＝生猪价格÷玉米价格

一般以 5.5:1 为盈亏平衡点,6～7:1 才有利于养猪业的稳定发展。但目前养猪的成本构成发生了很大变化,蛋白质饲料涨幅大,仔猪费用高,人工费用连涨,使得玉米成本在养猪投入成本中的比例下降,猪粮比价盈亏临界值也应该比 5.5:1 高很多。但也有专家认为,以猪与饲料比价衡量盈亏点更合理,这都是合理的探讨。但仍以玉米比价比较简便,根据新情况可以 6 : 1 为盈亏平衡点。20 世纪以来我国根据当时情况,将猪粮比价维持在 6～7 : 1 作为参考,当时国外猪粮比价一般都在 8～10 : 1。

四、猪粮比价的预警和响应机制

(一)预警指标

在预警指标上,国家判断生猪生产和市场情况时,将猪粮比价作为基本指标,同时参考仔猪与白条肉价格之比、生猪存栏和能繁母猪存栏情况,并根据生猪生产方式、生产成本和市场变化等适时调整预警指标。主要目标是猪粮比价不低于 5.5 : 1;辅助目标是仔猪与白条肉价格之比不低于 0.7 : 1;生猪存栏不低于 4.1 亿头;能繁母猪不低于 4 100 万头。

当猪粮比价高于 9 : 1 时,按照《国务院关于促进生猪生产发展稳定市场供应的意见》国发[2007]22 号文件规定,适时投放政府冻肉储备,并根据市场状况,向城乡低保对象和家庭经济困难的大、中专院校学生发放临时补贴。

当猪粮比价低于 9 : 1 时,分为以下 5 种类型:绿色区域(猪价正常),猪粮比价 9 : 1～6 : 1;蓝色区域(猪价轻度下跌),猪粮比价 6 : 1～5.5 : 1;黄色区域(猪价中度下跌),猪粮比价在 5.5 : 1～5 : 1;红色区域(猪价重度下跌),猪粮比价低于 5 : 1。

(二)响应机制

国家根据猪粮比价的消长情况,分别或同时发布预警信息,进行必要的调整措施。

1. 正常情况　当猪粮比价处于绿色区域(9～6 : 1)时,做好市场预测工作,密切关注市场价格变化,有关部门及时发布市场信息。

2. 三级响应 当猪粮比价低于 6：1 时，在中国政府网及其他媒体及时向社会发布生猪市场预警信息。

当猪粮比价连续 4 周处于 6～5.5：1（蓝色区域）时，根据市场情况增加中央和地方的冻肉储备，并着手做好二级响应的准备工作。

3. 二级响应 当猪粮比价低于 5.5：1 时，通过财政贴息的形式鼓励大型猪肉加工企业增加商业储备和猪肉深加工规模。

当猪价连续 4 周处于黄色区域（5.5：1～5：1）时，进一步增加中央政府冻肉储备，同时要求主销区和沿海大中城市增加地方冻肉储备，还可以适当增加地方政府的活体储备。

4. 一级响应 当猪粮比价处于红色区域（5：1 以下）时，较大幅增加中央冻肉储备规模。

增加政府储备后，猪粮比价仍低于 5：1，而且出现养猪户过度宰杀母猪的情况，母猪存栏量同比下降较多时，对国家确定的生猪调出大县的养猪场（户），按照每头能繁母猪 100 元的标准，一次性增加发放临时饲养补贴；对国家确定的优良种猪场（户），按每头种公猪 100 元的标准，一次性发放临时补贴。

五、生猪价格的构成及其影响因素

生猪价格的构成受多种因素的影响，了解这些因素，掌握生猪价格波动规律，能帮你在低谷时巧渡难关、在高峰时抓住机会，取得好效益。

（一）生猪的价格构成

生猪价格构成包括：生产成本、流通费用、利润和税金几方面。

1. 生产成本 是猪价格的基本要素，它包括饲料费、人员工资、降温及暖气费、固定资产折旧费、医药费、利息及其他费用。

2. 流通费用 包括运输费、中介费、损耗费、保管费及其他杂支。

3. 利润　是养猪生产经营者创造的财富,利润大小受多种因素影响,主要受设备、技术水平、管理水平和市场价格的影响。

4. 税金　它是价格构成的重要因素之一。我国为鼓励支持畜牧业的发展,免除了养殖户的税金。

(二)影响生猪价格的主要因素

1. 猪个体质量与市场需求　猪的质量包括健康状况、品种等,质量越高,价格越高。过去人们喜欢肥肉,脂肪型猪价格高;目前人们喜欢瘦肉,瘦肉多的价格就更高;现在人们喜欢吃优质瘦肉,地方黑猪价格开始飙升。

2. 国家价格政策　我国在 1985 年以前对猪的购销实行购销统一政策,价格较低且稳定。1985 年后,国家实行指导价格与市场相结合的政策,价格逐步上升。目前,猪的价格全部放开。

3. 区域经济的影响　目前,我国大、中型养猪单位还比较少,小规模和散养户较多,经济发达地区肉价高,而经济落后地区肉价低。

4. 消费者的需求　随着城镇化的发展和城乡居民收入的提高,对猪肉的需求也随之提高,猪肉价格也逐步提高。但由于规模养猪的比例只有 20% 以上,肉价忽高忽低的波动现象还会存在相当长的时间。

5. 其他肉产品的影响　如果禽肉、禽蛋和水产品数量多,价格低,会拉低猪肉价格;反之,生猪和猪肉的价格会提高。

6. 进出口猪肉的数量　目前,我国进出口猪肉数量还比较少。如果进出口猪肉数量上升或下降,也会对猪肉价格产生一定影响。

六、巧对猪价波动

由于生猪供求的变化,出现价格波动是正常现象。国外 3～5 年出现 1 次价格波动。我国由于大、中型养猪企业比例较低,发生波动的幅度往往比较大。

（一）怎样应对猪价持续走低

【案　例】　2013年初由于供大于求，猪价持续走低。济南市高青县万隆养猪场经理李宗汉说：目前生猪收购价是13元左右/千克，出栏1头猪赔200余元。他介绍，他饲养的生猪料重比3∶1，自己配的饲料3元/千克，育肥1头115千克的猪，饲料成本需3×115×3＝1 035元，防疫费50元，水电费10元，以及人工费、贷款利息，成本约15元/千克，只有生猪价在15元/千克以上方能保本。

田镇街道孙庄村孙文学是养猪大户，他说，今年生猪收购价12.2元/千克，出栏1头115千克的猪要赔69元。

应对猪价走低状况，我们总结出了成功经验，总的原则是调整生产结构，转变发展方式，特别是养猪大场（户），要稳住阵脚，采取切实可行的措施保住生产力（种猪和仔猪），增强自身抗击风险的能力。具体应对措施有两种。

1. 保命型　20世纪80年代，济南市东郊养猪场曾遭遇猪价等于白菜价，资金十分困难。他们放弃单纯依靠"豆粕＋玉米＋添加剂"的模式，逐步采用"节粮高效养猪技术"。他们依靠高粱酒糟饲喂全场各类型猪约7 000余头。酒糟是造酒业的副产品，其原料有大麦、高粱、甘薯干等，也有用各种农副产品酿酒的。因原料不同，酒糟的营养价值也不同，其中以谷实类原料如玉米、高粱等的营养价值较高。酒糟所含营养成分按干物质计算，粗蛋白质含量较高，为18％～20％，赖氨酸、蛋氨酸和色氨酸缺乏，蛋白质品质较差，矿物质和维生素缺乏。加入10％～20％的发酵鸡粪，上述不足会得到纠正。因此，酒糟已成为该场的救命饲料。

随着猪价慢慢回升，该场逐渐增加优质饲料，经过半年多的时间，他们迎来了"柳暗花明又一村"。

提示：高青县万隆养猪场等单位如果较早地实施"节粮高效养猪

新技术"，就不会赔那么多钱，甚至不赔钱。因此，必须大力宣传推广节粮高效养猪技术。

养猪场（户）必须主动适应市场，而不能指望市场适应我们。

2. 逆势而上型

【案　例】　山东省聊城市高唐县琉璃寺村的王兆路，在部队养过猪，退伍后当了村支部委员，又带头养猪，当时仔猪价格只有0.4元/千克，一下子抓了300头小母仔猪，盖了非常简陋的猪圈，主要喂些粮食代用品，低标准上马，这一群小母猪在艰苦环境中逐渐长大，发情、怀胎、产仔，当大批母猪产仔时，仔猪价猛涨到13元/千克。王兆路"一口吃了个胖子"，盈利300余万元，当了县劳模，又当上地区劳模，地、县领导经常表扬，成了科技致富明星。

提示：由上案例可见，分析市场，抓住机遇，逆势而为，可以获得可观的养猪效益。

（二）猪价处于高价时的适当对策

1. 冷静分析，适当瘦身

【案　例】　自1997年开始，亓爱吉养猪已达16年，经过这么多年的摸爬滚打，他觉得自己对"猪周期"了如指掌。亓爱吉说，前年猪肉价格持续升高，一些养猪户盲目加大养猪量，大批量购进能繁母猪。从小猪崽到出栏，周期是6个月，一些养猪户等猪长大也错过了价格高点。而亓爱吉在前年却"忍痛割爱"，将养猪基地内高耗能的能繁母猪果断卖掉，因为当时正值价格高点，收益也很好。去年猪肉价格小幅回落，他趁机买进一批刚出栏的母猪猪崽，今年猪崽正好能生产，他判断这个时候下的猪崽，下半年正好上市，那时猪肉价格应该能小幅升温。

提示：不少农民朋友，在养猪（包括养兔等）价格走高时盲目发展，一哄而上；价格走低时又慌张淘汰（卖、杀），总是赚个穷吆喝，经济上始终处在温饱阶段，没能靠信息、靠科技迅速致富，应记住这个教训。

2. 头脑发热，盲目扩张，酿成苦果　前面提到的王兆路，在猪价高挺时，不听劝告盲目扩张，惜卖母仔猪，饲养过程中遇上猪价的寒冬期，由于大量消耗饲料，不仅把原来盈利的钱赔进去，还欠了一屁股债，彻底垮了。

提示：不遵守市场规律，盲目扩张会导致失败，应引以为训。

总之，我们必须在市场中游泳，逐渐增强适应市场的能力。

七、生猪期货

根据国外的经验，生猪期货对稳定猪价起到重要作用。但由于我国生猪生产的规模化比例偏低，标准化养猪仍在起步阶段，生猪期货的标准和准确的定价还有很大难处。因此，我国的生猪期货还处于研究、探索阶段。尽管如此，在条件逐步成熟后，这项工作势在必行。

2008 年我国生猪期货在大连商品交易所完成首次模拟交易，首先对生猪检验检疫证等手续进行查验；其次对车辆消毒证等手续进行查验；然后对生猪进行"体验"、"评级"、称重；最后进行生猪交易。当时是选用 100 头三元杂交猪，体重 95～105 千克，瘦肉率 59%～61%。这是一次有益的尝试。实际上已有部分养猪大户利用期货，实现了订单生产，控制了风险。

【案　例】　2010 年春天，蔡军海的 8 手生猪就要实行交割了，这可能也是湖南御邦大宗农产品交易所第一笔现货交割。

28 岁的蔡军海是湖南御邦大宗农产品交易所的一名交易商，拥有一个养猪场。猪场不大，年出栏只有 1 000 头，但他的生意做得很大。"我今天成交了 8 手，平均价格在 11 400 元/吨，比市场价至少高 400 元。"3 月 31 日，蔡军海通过交易所的电子平台，卖出了 8 手良杂大活猪。

2009 年 6 月 27 日，蔡军海在网上看到湖南御邦大宗农产品交易所开业。第二天,他就从老家乘车来到宁乡。60 千米的路,他前前后后跑了 6 趟才开了户,成了一名交易商。

湖南御邦大宗农产品交易所的交易大厅里,设有大型电子屏幕,可即时显示生猪交易价格,以 10 头猪(约 1 吨)为一"手",作为最小交易单位。市场部喻渊介绍,各地具备一定经济实力、养殖规模的单位或个人,签订协议、承认交易规则、成为会员后就能通过"敲键盘"交易生猪,可以买卖几个月后才上市的瘦肉型猪。

"我一了解交易所的情况之后,就觉得有戏。"蔡军海说,"交易所做的是生猪期货,可以按照未来的生猪价格安排自己的生产,这样不仅是按订单生产,还可以控制养猪风险,暴涨暴跌的现象将不大可能出现。"

对于当时猪价下跌,蔡军海反而发现了商机。"养猪户们卖不掉猪,而我可以低价从养猪户那里签下收购合同后,再到交易所去高价卖掉这些合同,从中赚取差价"。蔡军海说,3 月 31 日卖掉的 8 手生猪,就是从邻居那里收购来的,而收购价还要比市场价略高,不仅赚了钱,还帮助养猪户卖掉了猪,双赢。

八、电子商务活动

互联网在养猪业上的应用越来越广泛。不仅可以实现宏观调控,指导养猪生产,指导科学研究工作,还可以从事大型电子商务活动。

养猪业的育种、生产、加工、检测、销售、服务体系,都需要一种高速度、高效益、高质量手段进入养猪业的流通领域,将各个环节有机地链接起来,而只有互联网能够承担这项繁杂的工作,实现网上服务系统化,这就是电子商务。网上选种、选配,网上组织生产、技术服务,建立种猪保健体系……通过互联网把整个养猪业各个环节联系起来。

电子商务活动的基本条件是适度规模经营和标准化生产。不管是仔猪和生猪只有批量均衡生产或组织集团生产，才能网上销售；只有标准化生产，实现无公害产品认证、绿色产品认证和有机产品认证，才便于网上销售。

此外，要格外注意网上安全问题，要预防计算机病毒引入，防止上当受骗。

第三章　养猪场建设新要求

养猪场建设的核心目的是要给各类猪群提供一个清洁卫生、安全、舒适的生活场所。养猪场既不能污染周围环境,又不能被周边环境所污染。猪场建筑的基本原则是因地制宜、经济实用、冬暖夏凉、坚固耐用、农牧结合。

一、规划设计要点

(一)猪场类型

标准化规模养猪场:具有一定规模,采用标准化饲养,实现安全、高效、生态、连续均衡生产的养猪场。

实现阶段饲养:按猪生理和生长发育特点,将生产周期划分为不同日龄或不同生产阶段,实行不同的饲养管理方式。

无害化处理:用物理、化学或生物学等方法,处理动物粪污、尸体或其他物品,达到消灭传染源、切断传播途径、防止病原扩散的目的。

(二)建设规模

不同规模养猪场应饲养母猪数见表 3-1。

表 3-1　不同规模养猪场种母猪头数指标

建设规模(头/年)	300~500	501~1000	1001~2000	2001~3000	3001~5000
基础母猪(头)	18~30	30~60	60~120	120~180	180~300

标准化规模养猪场建设项目包括生产、公用配套、管理、生活、防

疫和粪污无害化处理等设施,内容见表 3-2,具体工程可根据工艺设计和饲养规模实际需要增减。

表 3-2　养猪场建设项目构成

建设项目	生产设施	公用配套设施及管理和生活设施	防疫设施	粪污无害化处理设施
建设内容	空怀配种猪舍、妊娠猪舍、分娩哺乳舍、保育猪舍、生长猪舍、育肥猪舍、装(卸)猪台	围墙、大门、场区道路、变配电室、发电机房、锅炉房、水泵房、蓄水构筑物、饲料库、物料库、车库、修理间、办公用房、食堂、宿舍、门卫值班室、场区厕所等	沐浴消毒室、兽医检验室、病死猪无害化处理设施、病猪隔离舍	粪污贮存及无害化处理设施等

(三)场址选择

场址选择应符合国家相关法律法规、当地土地利用发展规划和村镇建设发展规划。

场址周围应具备就地无害化处理粪污的足够场地和排污条件。

场址应水源充足、排水畅通、供电可靠、交通便利。

场址选择应满足建设工程需要的水文地质和工程地质条件。

场址距居民点、其他畜牧场、畜产品加工厂、主要公路、铁路的距离应符合表 3-3 的规定。

表 3-3　养猪场场址距离

建设规模(头/年)	场址距离要求
3001～5000	周围 3000 米以内无大型化工厂、矿区、皮革加工厂、屠宰场、肉品加工厂和其他畜牧场,场址距离干线公路、城镇、居民区和公共聚会场所 1000 米以上

续表 3-3

建设规模(头/年)	场址距离要求
1001~3000	距居民点的间距应在 1000 米以上； 距其他畜牧场、畜产品加工厂间距应大于 1500 米； 距主要公路、铁路距离应在 500 米以上
300~1000	距其他畜牧场、畜产品加工厂、主要公路、铁路的距离应在 500 米以上；与居住区保持相应的距离

场址位置应在居民点常年主导风向的下风向处。

以下地段或地区严禁建场：规定的自然保护区、水源保护区、风景旅游区；受洪水或山洪威胁及泥石流、滑坡等自然灾害多发地带；自然环境污染严重的地区。

（四）总体布局

猪场生产区按夏季主导风向布置在生活管理区的下风向或侧风向处，污水粪便处理设施和病死猪焚烧炉按夏季主导风向设在生产区的下风向或侧风向处，各区之间用绿化带或围墙隔离。

养猪场生产区四周设围墙，大门出入口设值班室、人员更衣消毒室、车辆消毒通道和装卸猪斜台。

猪舍朝向一般为南北向方位、南北向偏东或偏西不超过 30°，保持猪舍纵向轴线与当地常年主导风向呈 30°~60°角。

猪舍间距一般为 7~9 米，猪舍排列顺序依次为配种猪舍、妊娠猪舍、分娩哺乳猪舍、培育猪舍、育成猪舍和肥育猪舍。

场区清洁道和污染道分开，利用绿化带隔离，互不交叉。

（五）猪舍建筑

猪舍建筑形式可选用开敞式或有窗式两种。开敞式自然通风猪舍的跨度不应大于 15 米。有窗式猪舍根据气候开关窗户进行通风。

各类猪群的饲养密度应符合表 3-4 的规定。

表3-4　各类猪群饲养密度

猪群类别		每栏建议饲养头数	每头占猪栏面积（米²）
种公猪		1	8.0～12.0
空怀、妊娠母猪	限位栏	1	1.3～1.5
	群饲	4～5	1.8～2.5
后备母猪		4～6	1.5～2.0
哺乳母猪		1	3.8～4.2
保育猪		8～12	0.3～0.4
生长猪		8～10	0.6～0.9
肥育猪		8～10	0.8～1.2

猪舍结构宜采用轻钢结构或砖混结构。

养猪场建筑执行下列防火等级：生产建筑、辅助生产、公用配套及生活管理建筑适用三级；变（配）电室适用二级。猪舍围护结构应能防止雨雪侵入，保温隔热，能避免内表面凝结水汽，猪舍内表面应耐酸碱等消毒药液清洗消毒。

猪舍屋面必须设隔热保温层，猪舍屋面的传热系数（K）应不小于 0.23 瓦/（米²·度）。

（六）饲养设施

饲养管理设备的选型配套应符合 GB/T 17824.3—2008 的要求（请见第四章）。

为提高劳动生产率和最大限度降低人为传染的危险，应尽量选用机械化自动化程度较高的饲喂设备。

任何种类的猪舍，都必须设有通风换气设备。

（七）劳动定员

标准化养猪场劳动定员应符合表 3-5 的规定，条件较好、管理水平较高的地区，应适当减少劳动定额。生产人员应进行上岗培训。

表 3-5 养猪场劳动定额

建设规模（头/年）	300～500	501～1000	1001～2000	2001～3000	3001～5000
劳动定员（人）	2～3	4～6	6～9	9～10	10～15
劳动生产率（头/人·年）	150～165	165～200	165～220	220～300	300～330

（八）标准化养猪场占地面积及建筑面积指标

应符合表 3-6 的规定。

表 3-6 养猪场占地面积及建筑面积指标

建设规模（头/年）	300～500	501～1000	1001～2000	2001～3000	3001～5000
占地面积（米²）	1050～2200	2200～3740	3740～7620	7620～11500	11500～18000
总建筑面积（米²）	320～670	670～1100	1100～2350	2350～3250	3520～4770
生产建筑面积（米²）	260～580	580～980	980～2150	2150～3250	3250～4000
其他建筑面积（米²）	60～90	90～120	120～200	200～270	270～770

（九）标准化养猪场生产消耗指标

标准化养猪场生产消耗指标应符合表 3-7 的规定。

表 3-7　养猪场生产消耗指标

项目名称	单　位	消耗指标
用水量	每头母猪年需量（米³）	70～100
用电量	每头母猪年需量（千瓦·小时）	100～120
用饲料量	每头母猪年需量（吨）	5.0～5.5

二、养猪场的环境要求

（一）定　义

固体悬浮物（SS）：水中不溶解的固体物质。

化学耗氧量（COD_{Cr}）：用化学氧化剂氧化水中有机物时消耗的氧化剂折算为氧的量（毫克/升）。我国规定用重铬酸钾作化学氧化剂。

生化需氧量（BOD_5）：水中微生物分解有机物时消耗的氧的数量（毫克/升）。

（二）猪舍温度和空气相对湿度

猪舍内温度和空气相对湿度应符合表 3-8 的规定。

表 3-8　猪舍内空气温度和湿度

猪群类别	温度（℃）			空气相对湿度（%）		
	舒适范围	高临界	低临界	舒适范围	高临界	低临界
种公猪舍	15～20	25	13	60～70	85	50
空怀妊娠母猪舍	15～20	27	13	60～70	85	50
哺乳母猪舍	18～22	27	16	60～70	80	50

续表 3-8

猪群类别	温度(℃)			空气相对湿度(%)		
	舒适范围	高临界	低临界	舒适范围	高临界	低临界
哺乳仔猪保温箱	28～32	35	27	60～70	80	50
保育猪舍	20～25	28	16	60～70	80	50
生长育猪舍	15～23	27	13	65～75	85	50

注：1. 表中哺乳仔猪保温箱的温度是仔猪 1 周龄以内的临界范围，2～4 周龄时的下限温度可降至 24℃～26℃。表中其他数值均指猪床上 0.7 米处的温度和湿度。

2. 表中高、低临界值指生产临界范围，过高或过低都会影响猪的生产性能和健康状况。生长肥育猪舍的温度，在平均温度高于 28℃时，允许将上限值提高 1℃～3℃；月份平均温度低于 -5℃时，允许将下限降低 1℃～5℃。

3. 在密闭式有采暖设备的猪舍，其适宜的空气相对湿度比上述数值要低 5%～8%。

2. 哺乳母猪和哺乳仔猪的所需温度不同　建议对哺乳仔猪采取保温箱等局部供暖措施。

夏季猪舍气温高于生产临界范围上限值时，除采取适当提高饲粮浓度、保证充足和清凉的饮水、早晚凉爽时饲喂，以及喷雾、淋浴并加强通风等促进猪体蒸发散热等措施外，还应考虑遮阴绿化，必要时采取湿帘降温等措施。

冬季猪舍气温低于生产临界范围上限值时，除采取适当提高饲料营养水平，早饲提前、晚饲延后或增加夜饲，及时清除粪尿、保持圈栏干燥，控制风速及防止贼风等措施外，必要时还应采用热水、热风或其他供暖设备。

新建猪场应根据当地气候特点，从场址选择、场区绿化以及猪舍的样式、材料、朝向和保温隔热性能等方面，考虑防寒保温、降暑降温。

猪舍湿度过大时，特别是冬季，应尽量减少饲养管理用水，并在标准范围内适当加大通风量，必要时供暖。

（三）猪舍通风

猪舍通风量指每千克活重每小时所需空气立方米数，不同猪舍对通风量和风速要求见表 3-9。

表 3-9　猪舍通风要求

猪群类别	通风量（米³/小时·千克）			风速（米/秒）	
	冬季	春秋季	夏季	冬季	夏季
种公猪舍	0.35	0.55	0.70	0.30	1.00
空怀妊娠母猪舍	0.30	0.45	0.60	0.30	1.00
哺乳母猪舍	0.30	0.45	0.60	0.15	0.40
保育仔猪舍	0.30	0.45	0.60	0.20	0.60
生长肥育猪舍	0.35	0.50	0.60	0.30	1.00

注：1. 通风量是指每千克活猪每小时需要的空气量。

　　2. 风速是指猪只所在位置的夏季适宜值和冬季最大值。

　　3. 在月平均温度≥28℃的炎热季节，应采取降温措施。

本标准适用于机械通风猪舍，可供自然通风和自然与机械混合通风猪舍设计时参考。

猪舍通风主要包括自然通风、机械负压通风（横向或纵向）和机械正压通风。跨度小于 12 米的猪舍一般宜采用自然通风，跨度大于 8 米的猪舍以及夏季炎热地区，自然通风应设地窗和屋顶风管，或采用自然与机械混合通风或机械通风。为克服横向和纵向机械通风的某些缺点，可考虑采用机械正压通风。采用横向通风的有窗猪舍，设置风机一侧的门窗应在风机运转时关闭。

猪舍通风须保证气流分布均匀，无通风死角；在气流组织上，冬季应使气流由猪舍上部流入，而夏季则应使气流流经猪体。

(四)猪舍光照

猪舍自然光照或人工照明设计应符合表 3-10 的要求。

表 3-10 猪舍采光

猪群类别	自然光照		人工照明	
	窗地比	辅助照明 (勒)	光照强度 (勒)	光照时间 (小时)
种公猪舍	1:12~1:10	50~75	50~100	10~12
空怀妊娠母猪舍	1:15~1:12	50~75	50~100	10~12
哺乳母猪舍	1:12~1:10	50~75	50~100	10~12
保育仔猪舍	1:10	50~75	50~100	10~12
生长肥育猪舍	1:15~1:12	50~75	50~100	8~12

注:1. 窗地比是以猪舍门窗等透光构件的有效透光面积为 1,与舍内地面积之比。

2. 辅助照明是指自然光照猪舍设置人工照明以备夜晚工作照明用。

猪舍光照须保证均匀。自然光照设计须保证入射角≥25°,采光角(开角)≥5°;入射角指窗上沿至猪舍跨度中央一点的连线;采光角(开角)指窗上、下沿分别至猪舍跨度中央一点的连线与地面水平线开成的夹角。

人工照明灯具布局宜按灯距 3 米左右,梅花形布置。猪舍的灯具和门窗等透光构件须经常保持清洁。

(五)猪舍空气卫生要求

猪舍空气中的氨(NH_3)、硫化氢(H_2S)、二氧化碳(CO_2)、细菌总数和粉尘含量不得超过表 3-11 的规定。

表 3-11　猪舍空气卫生要求

猪群类别	氨 (毫克/米³)	硫化氢 (毫克/米³)	二氧化碳 (毫克/米³)	细菌总数 (万个/米³)	粉 尘 (毫克/米³)
种公猪舍	25	10	1500	6	1.5
空怀妊娠母猪舍	25	10	1500	6	1.5
哺乳母猪舍	20	8	1300	4	1.2
保育仔猪舍	20	8	1300	4	1.2
生长肥育猪舍	25	10	1500	6	1.5

为保持猪舍空气卫生状况良好，必须进行合理通风，改善饲养管理，采用合理的清粪工艺和设备，及时清除和处理粪便和污水，保持猪舍清洁卫生，严格执行消毒制度。

（六）猪舍噪声

各类猪舍的生产噪声或外界传入的噪声不得超过 80 分贝，并避免突然的强烈噪声。

（七）群养猪组群要求

各种类猪群每头所需猪栏面积按 GB/T 17824.1—2008 执行。群养猪每群以公猪 1 头、后备公猪 2～4 头、空怀及妊娠前期母猪 4～6 头、妊娠后期母猪 2～4 头、哺乳母猪（带哺乳仔猪 1 窝）1 头为宜；培育仔猪、肥育猪以原窝（8～12 头）饲养为宜；合群饲养时每群不宜超过 2 窝（20～25 头）。

（八）猪场用水要求

猪场用水量按 GB/T 17824.1—2008 执行（见第一节），水质须达 NY 5027—2008 要求（表 3-12）。

表 3-12　畜禽饮用水水质标准

项　目		标准值	
		畜	禽
感官性状及一般化学指标	色，(°) ≤	色度不超过 30°	
	浑浊度，(°) ≤	不超过 20°	
	臭和味 ≤	不得有异臭、异味	
	肉眼可见物 ≤	不得含有	
	总硬度(以 $CaCO_3$ 计)，毫克/升 ≤	1500	
	pH 值	5.5～9	6.4～8.0
	溶解性总固体，毫克/升 ≤	4000	2000
	氯化物(以 Cl^- 计)，毫克/升 ≤	1000	250
	硫酸盐(以 SO_4^{2-} 计)，毫克/升 ≤	500	250
细菌学指标	总大肠菌群，个/100 毫升 ≤	成年畜 10，幼畜和禽 1	
毒理学指标	氟化物(以 F^- 计)，毫克/升 ≤	2.0	2.0
	氰化物，毫克/升 ≤	0.2	0.05
	总砷 L，毫克/升 ≤	0.2	0.2
	总汞，毫克/升 ≤	0.01	0.001
	铅，毫克/升 ≤	0.1	0.1
	铬(六价)，毫克/升 ≤	0.1	0.05
	镉，毫克/升 ≤	0.05	0.01
	硝酸盐(以 N 计)，毫克/升 ≤	30	30

（九）猪场粪便和污水处理要求

猪场粪便和污水处理设施须与猪场同步设计、同期施工、同时投产，其处理能力、有机负荷和处理效率最好按本场或当地其他场实测数据计算和设计。以下参数可供参考:存栏猪全群平均每天产粪和尿各 3 千克;水冲清粪、水泡粪和干清粪的污水排放量平均每头每天约分别为 50 升、20 升和 12 升;每千克猪粪和尿的 BOD_5 排泄量分别为 63 克和 5 克;猪场污水的 pH 值为 7.5~8.1;悬浮物(SS)为 5 000~12 000 毫克/升,BOD_5 为 2 000~6 000 毫克/升,猪场耗氧量(COD_{Cr})为 5 000~10 000 毫克/升,蠕虫卵数为 5~7 个/升。

猪场粪便须及时进行无害化处理并加以合理利用,处理后应符合 GB 7959 要求;污水处理后的排放应符合 GB 8978 要求;如灌溉农田或肥塘养鱼,须分别达到 GB/T 5084 和 GB 11607 的要求。

猪场场区必须搞好绿化,保持清洁卫生,并定期对道路、地面进行消毒。

猪场应把灭蝇、灭蚊和灭鼠列入经常性工作。

(十)猪场的环境监测

规模猪场环境参数及环境管理(GB/T 178243—2008)规定的各项环境参数须定期进行监测,至少冬、夏各进行 1 次,根据监测结果做出环境评价,提出环境改善措施。

新建猪场场址选择时,应请环境保护部门对拟建场场地的水源、水体进行监测并做出卫生评价,应选择符合 GB 5749 要求的水源,对不符合标准的水源,必须消毒后使用。对发生过疫情的场地,须对场地土壤进行细菌学监测并做出卫生评价,评价标准可参考表 3-13,场址应选择"清洁"或"轻度污染"的土壤。

表 3-13 土壤生物学卫生指标

污染情况	寄生虫卵数 (个/千克土)	细菌总数 (万个/克土)	大肠杆菌值[①] (克土/1 个大肠杆菌)
清 洁	0	1	1000
轻度污染	1~10	—	—

续表 3-13

污染情况	寄生虫卵数 （个/千克土）	细菌总数 （万个/克土）	大肠杆菌值[1] （克土/1 个大肠杆菌）
中度污染	10～100	10	50
严重污染	＞100	100	1～2

注：[1] 大肠杆菌值为检出 1 个大肠杆菌的土壤克数。

三、实施步骤

（一）建场可行性论证

可行性论证就是建场前的调查研究与评估。摸清建场目的，品种与饲料资源，市场调查与预测，猪场性质，适合的规模，产业化程度，水、电、道路等情况，建场周期，资金预算及资金来源，预期经济效益、社会效益与生态效益等。

（二）设计前准备

猪场建场可行性论证通过后进行设计，首先为设计提供建场计划任务书，征用土地批文，绘制 1/500 的地形图，地质状况、气象、水、电等资料，采用饲料种类及价格等。在此基础上先进行初步设计，后进行施工图设计。前者是上报有关单位审批的依据，后者是施工与安装的依据。

（三）占地面积

一般要求 1 个万头规模的集约化养猪场（600 头基本母猪，24 头基本公猪）需占地 1.25 公顷，高度集约化的万头规模养猪场（日本模式）需占地 0.75 公顷。

猪舍建筑面积一般为 7 000 米² 左右，辅助生产及管理生活建筑面积约为 1 200 米^2。

猪舍跨度内径:双列式猪舍一般为 7 米,3 列式猪舍为 10.5 米,单列式猪舍 5 米左右。

四、发酵床养猪的猪舍建设

发酵床养猪又叫自然养猪法,俗称懒汉养猪法,是我国古代垫草养猪的继承和发展。它作为现代化、集约化、工厂化养猪的补充,推动着养猪事业的发展。发酵床结合大棚养猪,投资少,效益高,适合北方地区肥育猪生产。

(一)大棚发酵床养猪的优缺点

1. 大棚发酵床养猪的优点

①投资少,造价低,建筑施工简便易行。其投资仅为一般猪舍造价的 1/5 左右,如用旧房改造或废旧蔬菜大棚改造更省钱。

②省工省力。采用自动饮水自动采食装置,一次加料加水可供 5~7 天饮食,每人可饲养肥育猪 1 000 头以上,母猪 100 头以上,可提高工效 10 倍以上。

③清洁卫生。由于发酵过程中能把虫卵杀死,无臭味,蚊蝇稀少。

④冬暖夏凉,有利于猪群生长发育。

⑤实行大群饲养,每头肥育猪仅合约 1 米^2,有利于迅速形成规模。

⑥大量节省淡水资源。比普通养猪方式省水 80% 甚至 90% 以上。

⑦粪便处理简易化。肥育猪在整个肥育期间,不需要清除粪便。母猪随转群清粪 1 次。

⑧由于地面不用水泥硬化,不用办理征地手续,办理临时用地手续即可。

⑨由于多采用大棚结构,不仅适合养猪,也可以饲养其他动物或种植瓜果蔬菜,随时可转产,一棚多用。

⑩养猪数量可多可少,有利于把众多散养户组织起来,实行科学养猪。

2. 发酵床养猪的缺点

①发酵床仍产生二氧化碳及其他有害气体,因此原则上应建在密树林中或密植果园中,以使二氧化碳能被植物群及时吸纳。

②由于大群养肥育猪,个别猪只患病难于捕捉和医治。

(二)发酵床养猪的猪舍建造

1. 建筑大棚材料的估算　表3-14为建造饲养100头生长肥育猪的大棚所需原料及参考价(材料价格因时因地不同,仅供参考)。饲养100头生长肥育猪的大棚一般长15～25米,宽4～5米。

表3-14　大棚所需建筑材料及估价

名　称	数　量	参考价	名　称	数　量	参考价
石　料	10 米^3	100 元	铁　丝	10 千克	30 元
水　泥	150 千克	40 元	无滴膜	320 米^3	450 元
石　灰	500 千克	50 元	饮水器	4 个	32 元
空心砖	500 块	500 元	门　框	1 个	100 元
红　砖	800 块	120 元	建筑工	20 个	2000 元
钢筋架	5 个	400 元	合　计		3822 元

2. 平面布置　见图3-1,图3-2。

3. 建造方法　首先在地面上垫高30厘米以上,夯实划线,挖地槽,铺基石。然后垒基柱,柱高1.7～1.9米,相距2.7～3.0米。

砌砖墙,大棚跨度4～6米,长度为15～25米,四周围栏高1～1.2米;空心砖共砌5层,中间一层,每隔一块倒砌一块,空心向外。

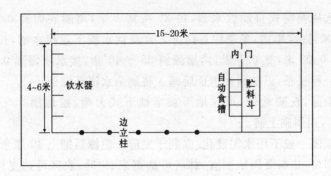

图 3-1　养猪大棚平面图　（单面食箱）

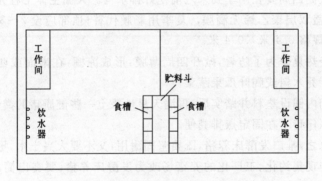

图 3-2　养猪大棚平面图　（双面食箱）

栏底至顶棚高 2.7～3.0 米，大棚和猪圈结构为一体；支撑大棚的材料可采用钢管、水泥预制杆或粗木桩，棚顶可以选用拱形或"人"字形；棚顶顺排 8# 铁丝 20 根，棚顶 10 根，每根间隔 0.2 米，两侧各 5 根，每根间隙 0.3 米。猪通过大棚两端吃料、饮水，来回走动，达到强制运动，用猪蹄将粪尿与垫料搅拌。

自动采食箱分双面和单面；贮料斗根据饲料量大小标准设计，一般食槽宽 0.2 米，深 0.8 米，箱底离地垫高 0.12 米；食槽内间隔 0.2 米加 1 根钢筋，以免猪进入食槽；饲养 100 头猪的采食槽长 2～3 米为宜；料箱内设楼式插板，可调节饲料流量。

选用鸭嘴式自动饮水器，每25头猪1个，离圈底面高0.35～0.40米，固定牢固，冬季注意防冻。自动饮水器下建接水槽，长4.2米，高0.08米，宽0.1米，内槽倾斜35°～40°角，接水槽每隔0.2米斜插一粗铁条，以防猪在里面卧睡。将剩余水流至棚外。

山区、丘陵地带，可建地下或半地下式大棚，挖地槽0.5米或1.0米，四周砌上砖。

地面一般不用水泥硬化，以利于发酵。建棚后铺上40厘米厚的垫料即可，垫料要因地制宜，林区可选锯末、树叶，农区可选麦秸、玉米秸、稻草等。

大棚四周要在雨季到来之前挖好排水沟。大棚主体工程完成之后，覆盖双层聚乙烯无滴膜。夏季用彩膜代替；顶部应设2～3个通气孔，规格0.4米×0.4米。

炎热夏季为了防暑，掀开四周薄膜，形成凉棚，在南面或西面种植阔叶乔木树或阔叶瓜果蔬菜。

棚内铺设垫料并踏实后，再满天星地撒上一些健康猪的粪便，以便训练仔猪不在固定点排粪便。

总之，推广发酵床养猪，既要坚固耐用，又不要大兴土木，更不要把已实现集约化、工厂化的养猪场改为发酵床养猪，要突出简易、科学两方面。可以加菌种，也可以不加菌种。

第四章　创新养猪设备

设施养猪是设施农业的重要组成部分,它能对猪群更好地呵护、提高劳动生产率、缩短养猪周期、提高商品率,显著增加经济效益,因而得到快速发展。

一、设施养猪的意义

(一)有利于猪群保健,促进正常生长发育

例如,在猪栏中安装自动饮水器后,猪只能随时喝上清洁饮水,从而杜绝了喝不上水或喝脏水的现象,促进了消化、吸收功能,提高了猪群的健康水平。同时,节约用水 2/3 以上,很受广大用户欢迎;又如,在出场处建设装卸猪斜台,能显著减轻劳动强度,减轻猪体损伤,预防应激,因此是十分必要的。

(二)显著提高工作效率

在缺乏设备情况下,1 个万头规模(600 头基本母猪)的养猪场,至少需要 50 个饲养人员,有了相应设备后,只需十几个人甚至 6～7 个人即可。这样,有利于精选、培养、提高饲养人员的素质,稳定饲养人员队伍。

(三)确保高产、优质、高效

由于有了标准化的养猪设备,有利于实行标准化作业,便于施行

现代养猪科学技术,猪群健康、整齐度高,确保高产、优质、高效,市场竞争力高,经济效益、社会效益和生态效益都较好。

(四)有利于环境保护

养猪设备的重要内容之一是环境保护(详见下一节),环保设备不仅清洁卫生,还能使粪尿无害化、资源化,有利于养猪业的可持续发展。

二、基本养猪设备

(一)饮水设备

饮水设备主要由供水管道和饮水器组成,饮水器有鸭嘴式饮水器和杯式饮水器。

饮水设备的基本结构如图 4-1 所示。

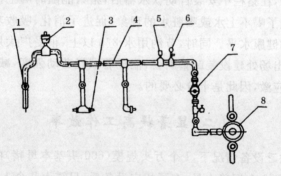

图 4-1　饮水设备
1. 终端放水阀　2. 排气阀　3. 自动饮水器　4. 主管道
5. 安全阀　6. 水压表　7. 减压器　8. 过滤器

自动饮水器安装后使猪只能随时喝上清洁饮水,有利于猪群健康,是最基本的设备之一。

猪用自动饮水器的安装角度及安装高度（图 4-2）随猪的体重变化而变化（表 4-1）。

图 4-2　猪用自动饮水器的安装

表 4-1　自动饮水器的安装高度与体重关系

猪的体重范围 （千克）	饮水器安装的高度（厘米）	
	水平安装	45°倾斜安装
断奶前小猪	10	15
5～15	25～35	30～45
5～20	25～40	30～50
7～15	30～35	35～45
7～20	30～40	35～50
7～25	30～45	35～55
15～30	35～45	45～55
15～50	35～55	45～65
20～50	40～55	50～65
25～50	45～55	55～65
25～100	45～65	55～75
50～100	55～65	65～75

（二）圈养控制设备

为了使各类猪群在生长发育过程中有一个安静环境，现代猪场设计了各种圈栏，如单体母猪栏（空怀及妊娠母猪）、配种栏、分娩栏、保育栏、生长栏和育成栏等，控制每栏饲养头数，在各种栏内还安装有自动饮水器、自动落料食槽，避免相互争食、咬架。特别是分娩栏已相当完善，包括母猪定位栏、防压杆、金属或塑料漏缝地板。

由于母猪的饲养正在向群养方向发展，除妊娠早期还需要单体栏外，都在逐步向智能性群养方式过渡。各种猪栏参数见表4-2。

表4-2　猪栏基本参数

项　目 猪栏种类	每头猪占用面积（米²）	栏　高（毫米）		栅格间隙（毫米）
公猪栏	5.5～7.5	1200		100
配种栏	5.5～7.5	1200		100
母猪单体栏	1.2～1.4	1000	栏　长	2000～2100
			栏　宽	550～600
母猪小群栏	1.8～2.5	1000		90
分娩栏	3.5～4.2	母猪 1000	栏　长	2000～2100
			栏　宽	550～650
		仔猪 550～600		35
培育栏	0.3～0.4	700		55
育成栏	0.5～0.7	800		80
肥育栏	0.7～1.0	900		90

（三）供暖保温设备

现代猪场供暖保温设备有舍内大环境控制设备，如全自动空调系统、热锅炉、电热风机、燃油热风机和红外线发热器等。为了满足初生乳猪和保育小猪的需要，还有局部加热设备，如电热丝地板、热水管地板、塑料恒温板、红外线加热灯和保温箱等。

（四）通风降温设备

常用的通风降温设备有排风扇、轴流风机、蒸发制冷机、湿帘降温、滴水降温器，大部分采用风扇与喷雾相结合的方式降温。

（五）粪便收集处理和利用设备

猪场粪便收集和处理不但涉及舍内清洁卫生、疾病的发生和传播，而且影响周围环境，所以越来越引起人们的重视。收集处理粪便的机电设备较多，主要有：

集粪机械：如各种刮粪机。

冲洗设备：如翻斗冲洗器、虹吸冲水器、地面冲洗机等。

漏缝地板：如水泥条漏缝地板、金属网漏缝地板、塑料漏缝地板、铸铁漏缝地板、编织网漏缝地板等。

粪便处理及利用设备：如各种粪便分离机、脱水发酵机、生物转盘、增氧机、粪肥制粒机等。

（六）清洁卫生设备

现代猪场对清洁卫生、无菌防疫极为重视，并把它视为生命线，对环境、设备、人员和运输车辆等都有各种清洁消毒设备，如自动冲洗和高压清洗装置、火焰消毒器、淋浴清洗消毒室、死畜处理机等。

（七）其他机电设备

现代猪场一般都具有较大的规模，为了提高劳动生产率和综合效益，还有各种机电设备，如自动饮水供给设备、各种运输车辆、检测仪器（如妊娠诊断器、测膘仪、肌肉嫩度计、肉色测量仪等）、各种自动控制装置和计算机管理等。

（八）投料设备

凡是拥有 500～600 头基础母猪即万头规模养猪场，都要采用自动供料系统，既节约人工，又能根据情况调整喂量，也不浪费饲料。

三、创新设备

（一）新结构、新材料围栏设备

围栏（包括漏缝地板）是养猪机械设备中用量最大最基础的设备。传统的耙齿型分娩栏大部分已被淘汰。此外，新型结构和材料的漏缝地板，如各种可靠耐用、便于拆装、清洁、比铸铁地板更价廉的复合材料漏缝地板也层出不穷，这些新结构、新材料围栏由于有较好的投资效益，所以一经面世就受到用户的热烈欢迎。

（二）环境控制设备

温度对猪的生长、繁育影响很大（表 4-3，表 4-4）。适宜温度（21℃）与较高温度（27℃）相比，母猪日采食量和仔猪 28 日龄体重均可提高 13％。育成猪在高温（37℃）和低温（4.4℃）下与适宜温度（20℃）相比，料重比分别增加 2.94 倍和 2.1 倍。

表 4-3　温度对哺乳母猪采食量及仔猪 28 日龄体重的影响

温度(℃)	27	21
试验母猪数(头)	20	20
母猪日采食量(千克)	4.6	5.2
仔猪 28 日龄体重(千克)	6.2	7.0

表 4-4　育成猪(35 千克/头)猪舍温度与料重比的关系

猪舍温度(℃)	27	10	16	20	27	32	37
料重比	5.3	4.1	3.2	2.55	3.1	4.7	7.5

猪舍环境的控制主要靠机械设备,主要有如下几种。

1. 通风降温设备　主要用于长江以南地区的夏季,包括各种低压大流量风机、喷雾降温、滴水降温和湿帘降温设备。湿帘降温投资少(25 元/米²),装机容量小(0.002 千瓦/米²),运行费用低,其投资和装机容量仅为氟利昂制冷机的 25% 和 15%,是畜禽舍降温的较好设备。耐腐蚀、省电、低噪声和可变速风机在最近几年非常畅销。

2. 猪舍保温设备　热风炉具有投资少、操作简单(不像高压锅炉需要专门的技工)、运行费用低和除湿效果好的优点,用于猪舍保温比较适合。热风炉燃料如果改用猪场沼气或其他生物质原料就更理想了。

3. 分娩舍、保育舍局部保温设备　如自动恒温电热板、地热板、远红外保温灯和玻璃钢保温箱等。

4. 手动、机动升降卷帘　特别是轻便耐用帘幕的开发。

(三)节能、节水的清洁消毒设备

猪场疫病和污染都比较严重,节能、节水的清洁、消毒设备对减少猪场疫病和减轻环保压力非常重要。这些设备主要包括:①高压冲洗消毒机,压力应达到 400～600 千帕。试验表明,压力达 500 千帕的冲洗机与200千帕的比较,可节水50%以上,且冲洗得更加干净。②消毒机,如火焰消毒机、电动或机动喷雾消毒机(车)、自动喷雾消毒系统。③各种节水型粪沟冲水器。

(四)新型食箱

食箱大都放在猪栏地面上,经常接触污水,同时饲料中含有盐分和矿物质,有一定的腐蚀性,另外猪采食有拱起习性,容易溢撒,造成浪费。而耐腐蚀、不浪费和易清洗是食箱的三大要求,现有的各种食箱还不能完全达到要求,从材料到结构都有待进一步改进。最近几年推出的干-湿料箱,即带饮水器的食箱,效果较好,猪可以先吃料后饮水,也可以碰饮水器将饲料掺湿后再吃,食箱里不会残留饲料,饲料浪费减少。与干料食箱比,猪的采食量增加,生长速度加快,料重比降低,节约了饲料(表4-5,表4-6)。

表4-5　传统干料食箱与干-湿料箱的使用比较

项　目	传统干料食箱	干-湿料箱
试验猪数(头)	150	150
开始体重(千克)	27.5	27.3
结束体重(千克)	101.3	107.6
育成期(天)	116	111
日增重(克)	635	723
头均日耗料量(千克)	1.91	2.06
料重比	3.00	2.85

(五)工厂化猪场计算机管理软件

猪场管理软件包括育种,饲料配方,饲养生产管理,疫病防治,市场信息,财务、人事、物资管理和场长查询等项目。计算机的使用不仅可以大大提高劳动效率,还可随时对生产和市场进行监控,这是现代猪场管理不可缺少的手段。我国现有规模化猪场其体制、经营模式和管理方式差距很大,目前市场的一些管理软件实用性还不够理想,所以猪场使用的还不多,随着猪场计算机应用的普及,管理软件的需求量将不断增加。

表 4-6　育成猪(35 千克/头)猪舍温度与料重比的关系

项　目	A 场		B 场		C 场	
	干　料	湿　料	干　料	湿　料	干　料	湿　料
饲养猪数(头)	2700	580	3800	1050	855	165
开始体重(千克)	31	31	32	31	35	34
结束体重(千克)	89	90	91	90	105	104
日增重(克)	621	687	580	650	711	760
头均耗料量(千克)	167.6	154.0	180.0	160.5	196.7	188.3
料重比	2.89	2.61	3.05	2.72	2.81	2.69
料重比降低(%)		10.73		12.13		4.46

(六)猪粪便处理及利用设备

大型猪场排污量大,处理不好容易给周围环境带来严重污染,它将是制约大型猪场发展的重要因素;同时,猪粪便中含有大量有机物,利用价值高,所以今后粪便处理及利用的机械设备,特别是投资不大、效益甚好的粪液分离机和去污能力强的沼气工程等将有较大发展,以利于减少污染,提高综合利用能力和经济效益,促进大型猪场的健康发展。

(七)较高端的养猪设备

1. 干料自动输送设备　采用干料输送设备可保持饲料清洁干净,免去打包拆装,仅此一项 1 个万头猪场 1 年可省去包装费约 8 万元;同时,操作管理方便,运行可靠,费用低。输送盘索和内壁光滑、安装简便、杜绝渗漏的整体式玻璃钢饲料塔及便于清洗消毒的母猪饲料分配器,是干料自动输送设备中较为关键的配套设备。主要结构有干料塔、干料输送带、混合塔、电子称重系统、送料泵、输送管道和电子下料阀门等。

2. 液态饲料输送设备 国外采用液态饲料喂猪已有 10 多年的历史,特别对生长、育成猪效果较好,主要优点有:①适口性好,饲料转化率可提高 5%～12%。按饲料转化率提高 6%计算,1 个万头猪场每年可节约饲料费用 20 万元以上。②无粉尘污染,减少了猪的呼吸道疾病。③可以充分利用食品厂下脚料、酒厂酒糟等各种湿料和液态饲料。由于饲料成本在我国养猪成本中占 70%左右,所以可节约饲料的液态喂养设备将会逐渐被采用。例如,广东省东莞市特威畜牧公司 1999 年引进了德国大荷人公司液态饲料自动输送系统。

(八)智能性猪群养管理系统

母猪限位栏饲养在规模化养猪中广泛使用,能有效控制母猪的采食量,方便生产管理。但是,母猪限位栏会制约母猪运动,造成母猪的呆板行为,影响母猪肢体和体质的健壮,导致母猪受胎率降低、死胎率增加、发情间隔延长等。采用智能化母猪群养系统,通过自动化控制技术,将妊娠母猪从限位栏中解放出来,让母猪回归大群饲养,突出了动物福利;同时,用智能化技术实现了母猪个体精准自动化饲养管理(图 4-3 至图 4-5)。

广兴牧业机械设备公司生产的 9ZMQ-128 智能型养猪群养管理系统,在母猪群体饲养环境下,对包括妊娠、空怀母猪和后备母猪的整个繁殖周期进行饲养管理,全面实现电子化、自动化,从而达到高效率猪场管理和生产的目的。

该系统由饲喂站和控制单元组成,每个饲喂站可以饲喂 50 头母猪,性能稳定可靠。

9ZC-170 智能型种猪测定系统:进行种猪生产性能测定或饲料

对比试验,能保证采集数据的一贯性和准确性。

　　建议各地养猪单位到资质比较好的机械加工单位选购养殖设备。要先进的,不要落后的,至少20年以内不落后,切记不要选购低价劣质设备,那会造成相当大的经济损失。

图4-3　妊娠母猪智能饲养管理系统

图4-4　哺乳母猪智能饲养管理系统

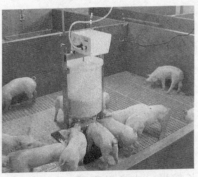

图4-5　保育猪智能饲养管理系统

第五章 猪育种的新目标、新措施、新成果

在漫长的养猪历史中,人类根据自己的需要,在自然选择的基础上加强人工选育,根据市场需要培养出适应各种生态环境、各具特色的品种、品系和类群。生产实践证明,不同品种、品系和类群之间的杂交,可产生杂种优势,有利于提高后代生活力和免疫力,提高养猪经济效益。

一、猪的经济类型

猪的经济类型可分为脂肪型、瘦肉型、肉脂兼用型、优质瘦肉型、极品肉型和微型等6个类型。

(一)脂 肪 型

脂肪型猪脂肪多,瘦肉量少,脂肪占胴体的比例为40%~50%,外形具有宽、深、短、矮、头颈较重的特点。体长和胸围相等或仅差2~3厘米,6~7肋骨膘厚5~6厘米及以上。因脂肪耗能多,因此生长较慢。古老巴克夏、两广小花猪等属于此型。

(二)瘦 肉 型

瘦肉型又称腌肉型,瘦肉多,脂肪少,瘦肉占胴体的56%以上。体长大于胸围15厘米以上。外形特点是中躯长,四肢高,前、后肢伸张。胴体膘厚在2.4厘米以下。大约克夏等品种属于此型。

(三)肉脂兼用型

肉脂兼用型介于上两类型之间,瘦肉占胴体的 56% 以下。体长大于胸围 5～15 厘米,背膘厚 2.4～5.0 厘米。苏联大白猪、哈尔滨白猪等属于此型。

(四)优质瘦肉型

鉴于很多瘦肉型猪肉品劣化现象,提出优质瘦肉型的概念。胴体瘦肉率为 56% 以上,但瘦肉色泽评分 3.0 分,肌内脂肪 3% 以上,没有 PSE 肉(灰白、松软、渗水)和 DFD 肉(黑、干、硬)的品种和品系。

(五)极品肉型

经过标准的饲养,某些地方品种或土二元杂种猪,具有生产极品猪肉的能力,经评估创立品牌打入市场。如莱芜猪、北京黑六、广州土猪壹号、黑岔黑猪等。

(六)微型猪型

凡成年体重在 40 千克以下的品种均为微型猪,适于做医学研究、供体研究等,如五指山猪、广西巴马微型猪等。

二、总体目标

初步形成的以联合育种为主要形式的生猪育种体系,提高种猪生产性能,改变我国优良种猪长期依赖国外的格局,全面推广应用优良种猪精液。提高全国生猪生产水平,开展地方种猪保护、选育和杂交利用,满足国内日益增长的优质猪肉市场需求。

核心育种群主要性能指标:目标体重日龄年保持 2% 的育种进

展,达到 100 千克日龄提前 2 天;瘦肉率每年提高 0.5%,达到 68% 保持相对稳定,总产仔数年均提高 0.15 头。

三、超级理想猪计划

(一)英国超级猪计划

英国学者 Webb(1990)曾提出一个利用胚胎工程技术生产"超级猪"的计划,该计划的目标是:①每年每头母猪提供 32 头商品猪;②100 天达到 100 千克活重;③胴体瘦肉率达 65%。在达到上述 3 项指标后,每头母猪年产瘦肉量可达 1 400 千克。具体做法如图 5-1 所示。

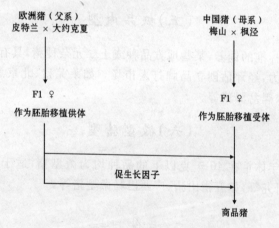

图 5-1　超级商品猪的生产图解

(二)中国"超级猪"计划

中国"超级猪"计划需分 3 个阶段,共 8～10 年的时间完成,各阶段的具体生产性能目标见表 5-1。为实现"超级猪"的各项性能指标,建议采取以下技术措施:①利用猪高产仔数优良基因诊断盒将高产仔数基因固定在"中国超级猪"品种中;②利用猪早期增重优良基因的脱氧核糖核酸(DNA)标记提高"中国超级猪"父系的日增重和饲料转化率;③利用猪双脊臀基因的 DNA 标记和"肥胖"基因的 DNA 标记增加"中国超级猪"的瘦肉率;④利用猪高温应激综合征基因加以控制;⑤利用猪基因组扫描技术预测最佳的杂种优势,选择"中国超级猪"的最优配合组合;⑥对"中国超级猪"的营养需要进行分析,并研制"中国超级猪"饲料配方;⑦建立"中国超级猪"的饲养标准和生产推广体系。

表 5-1 中国"超级猪"生产性能目标

预计年份(年)	2~3	5~6	8~10
年产瘦肉/母猪(千克)	1000	1200	1400
生产猪日增重(克)*	1000	1100	1250
上市头数(窝)	12	13	14
饲料转化率	30	28	26

* 30~110 千克生长猪。

(三)优质肉猪育种目标

根据我国养猪生产的实际情况,王林云提出了发展我国优质肉猪的育种目标:①猪的屠宰体重在 85~90 千克;②在肉猪体重 90 千克时,胴体瘦肉率在 56%~58%;③体重 90 千克时,瘦肉中肌内脂肪的含量在 3%~5%;④成年母猪窝产仔 11~13 头,年提供上市肉猪 24~26 头。为实现这一系列目标,在猪的杂交繁育体系构建中适当利用我国地方猪种资源是非常必要的。

四、育种内容新发展

(一)主要经济性状的选择

1. 肉用性状

(1)瘦肉 用瘦肉率或瘦肉量表示。虽然瘦肉率是一个高遗传力性状,但因其在活体无法直接度量,因此一般是通过选择那些在活体易于度量而又与瘦肉率有较高遗传相关的性状(如活体背膘)来进行间接选择,或者是根据同胞等亲属的成绩来进行选择。

(2)脂肪 猪的脂肪包括皮下脂肪、腹内脂肪、肌间脂肪和肌内脂肪,不同部位的脂肪,其脂肪酸的类型有所不同。对脂肪的选择目标是,降低皮下脂肪和腹内脂肪,保持适量的肌间和肌内脂肪,以保持良好的肉质。

(3)肉质与风味 猪的肉质包括 pH 值、肉色、系水力、嫩度、大理石纹、肌内脂肪含量等多项指标,遗传力一般低至中等水平。肉的风味也是人们一直关心的问题,尽管国内外有不少报道认为风味与某些化学物质有关,但关于风味的物质基础仍然没有明确的定论。对肉质的评定可分为客观评定和主观评定两类,前者如肉的理化特性和生物学指标,后者如对肉的风味进行品尝或评分。肉质性状改进的难点是目前还没有把评定的结果作为选种的依据。

(4)生长速度 生长速度是猪育种中的重要性状。由于日增重遗传力高,且容易度量,因此个体选择的效果较好。同时,由于日增重与耗料比之间有较高的负遗传相关,选择日增重可使两者都受益。

2. 繁殖性状

(1)产仔数 猪的产仔数包括总产仔数和产活仔数 2 个性状,是一个受排卵数、受胎率和胚胎成活率等多种因素影响的复合性状。由于产仔数的遗传力低,容易受母体效应及其他环境因素的影响,因而选择提高的效果差。

(2)母性　母猪的母性对于哺乳仔猪的成活是相当重要的,一般用哺育仔猪的育成率来表示,主要决定于母猪的泌乳力和母猪护仔性。在对母猪的繁殖性能进行选择时,母性也是一个需要考虑的性状。

3. 体型外貌

(1)体长　体长对猪的胴体长度和产肉量都有一定的影响,产肉力高的猪往往具有较大的体长,猪体长的遗传力较高,因此参考体长进行选种,会取得较好的效果。

(2)肢蹄　肢蹄结实度是体质的一部分,是指猪4个肢蹄的生长发育与整个机体相协调的程度。肢蹄缺陷或肢蹄病会给养猪业造成很大的经济损失,肢蹄病不仅会影响公、母猪的繁殖性能,也会影响商品猪的生长速度和产品等级。

(3)腿臀　由于腿和臀是胴体中产瘦肉最多的部位,因此腿臀比例在评定胴体时具有重要的意义。对腿臀比例进行适当的选择,对提高猪的产肉力具有积极意义。

(4)毛色、头形、耳形　猪的毛色、头形和耳形是品种特征的重要标志,均具有很强的遗传性,尽管其与经济性状的关系不大,但一直都受到人们的关注。

(二)育种技术新进展

伴随着遗传学理论的发展,猪的育种技术的发展也经历了表型值选择→育种值选择→基因型选择的过程,育种技术不断发展。

1. 表型值选择　顾名思义,表型值选择就是依据性状表型值的高低进行选择,这是畜禽育种早期的选种方法。虽然依据表型值进行选种也能获得一定的进展,但其进展的速度是缓慢的,效果也是不稳定的。

2. 育种值选择　随着数量遗传学理论的发展,育种学家们可以借助一定的统计学方法将性状的表型值进行剖分,并从中估计出可以真实遗传的部分,即育种值,使畜禽育种由表型值选择发展为育种值选择,从而提高选种的准确性和效率。尤其是动物模型 BLUP 方法的应用,使得育种值的估计可以充分利用不同亲属的信息,在对场、年度及其他环境效应进行估计的同时,预测出个体的育种值,从而指导科学、准确的选种。

3. 标记辅助选择　随着分子生物学技术的突飞猛进,对分子遗传标记、QTL 图谱分析的研究正不断深入。目前,畜禽遗传图谱的构建已取得了较大的进展,使得利用一个或一群标记以区分不同个体 QTL 的有利基因型正在逐步成为现实。标记辅助选择就是用 DNA 水平的选择来补充以表型值或育种值为基础的选择。由于它不受环境的影响,且无性别的限制,因而允许进行早期选种,可缩短世代间隔,提高选择强度,从而提高选种的效率和选种的准确性。尽管目前有关动物标记辅助选择的工作总体上仍处于实验研究阶段,但还是有了一些初步的应用。随着各项研究的不断深入,标记辅助选择必将在猪的育种改良中发挥出其应有的作用。

4. 基因诊断盒　从广义角度上说,基因诊断盒技术也是标记辅助选择的一部分。基因诊断盒的应用可以说是当前猪标记辅助选择最成功的例子。例如,利用高温应激综合征(MHS)基因诊断盒检测猪的高温应激综合征,利用雌激素受体(ESR)基因诊断盒固定猪的高产仔数基因等。目前,这些基因诊断盒都已逐步应用于猪的选育计划中,这些新技术的应用将极大地提高猪遗传改良的效果。

5. 遗传评估技术　以育种值选择代替了表型值选择,猪选种的准确性就大大提高了,遗传改良的速度也大大加快了。

6. 猪的联合育种　在畜牧主管部门的统一组织协调下,明确育种方向、育种目标、操作方法以及统一记录表格等。利用互联网平台,实施数十个甚至上百个育种猪场的资料交流、信息共享、种猪交换。以节约资源,相互促进,加快育种进程,提高育种效果。

7. BLUP 育种法　场内测定的前提是充分应用现代信息技术和 BLUP(best linear unbiased prediction)育种值估计法,建立和完善猪遗传评估系统,实现和加强场间的遗传联系,才能将场内测定的数据更好地应用于全国或区域范围内的联合育种,并反过来通过利用更多的遗传信息对本场猪群产生良好的影响。

五、我国新育成的品种和配套系

我国大多数地方品种猪都具有适应性强、抗病、耐粗、抗应激、母性好、繁殖力强和肉品品质优异等优点,大致分为华南型、华北型、华中型、华北华中过渡型(江海型)、西南型和高原型(藏猪)。

新中国成立以来,我国各地有计划、有目的、有组织地开展新品种的培育工作,成绩十分显著。先培育了肉脂兼用型猪,后培育了瘦肉型猪。近年又培育出沂蒙白杜洛克猪、苏淮猪、苏钟猪、新山西黑猪(SD-Ⅱ系)、南昌白猪、辽新丹猪、北京黑猪新瘦肉系、新荣昌Ⅰ系、里岔黑猪瘦肉系等。现仅介绍地方品种高黎贡山猪和川藏黑猪配套系。

(一)高黎贡山猪

高黎贡山猪因主产于云南怒江州高黎贡山地区而得名,是云南珍稀地方猪种之一,主要分布在云南省西北部高黎贡山山脉沿线的怒江州。高黎贡山猪原名明光小耳猪,因其产于明光乡而得名。经普查,分布于腾冲北纬25°的高黎贡山脉西侧傈僳族居住地的猪均系同一类群猪,经腾冲县提出更名为高黎贡山猪。该品种体型较小、生长速度慢、产仔数低、肉质较好,是一较适应恶劣自然环境和少数民族粗放饲养条件的小体型猪种。2010年,高黎贡山猪被列入《国家级畜禽品种资源保护名录》。

1. 产区分布 高黎贡山猪生长在海拔1 800~2 300米的山区、半山区,是当地养猪生产中的当家品种,以泸水县的洛本卓乡、古登乡、称杆乡、大兴地乡和贡山独龙族怒族自治县的丙中洛乡、独龙江乡6个乡为核心产区,6个乡现有纯种能繁母猪约14 900头。在怒江州的泸水县、贡山县和福贡县的其他乡镇也有分布。该猪白天与牛、羊混群放牧，自由觅食鲜嫩野生植物及草根，晚上回农户周围简易圈舍用玉米等进行适当补饲，由于当地特殊的自然、地理及社会经济条件，外来猪种较少，该猪一直处于一种封闭、自然近交和放养的半野生状态。高黎贡山猪适应于高山峡谷、低温高湿环境，还适应于舍饲和放牧。

2. 体型外貌 高黎贡山猪体型中等偏小，全身被毛以纯黑为主，间有部分麂子毛、"六白"或四脚白毛，鬃毛较长，延伸至肩部，头中等大小，嘴筒尖直，上有2～3道横纹，额面微凹，两耳较小，前倾、直立、后倾或外排，背腰平直，腹大稍下垂，四肢短小，体型紧凑结实，部分斜尻（图5-2）。

3. 生长性能 高黎贡山猪生长缓慢，产区以吊架子方式肥育，饲养管理粗放，营养不平衡，一般经10个月以上体重达55～60千克，日增重仅200克左右，料重比4～5∶1（表5-2）。

图5-2 高黎贡山猪

表5-2 高黎贡山猪生长性能

性　别	体　重（千克）	体　高（厘米）	体　长（厘米）	胸　围（厘米）
母	59.75±16.64	58.56±7.51	104.15±18.14	91.15±13.95
公	31.74±7.10	45.81±7.34	76.56±8.80	77.00±7.10

续表 5-2

屠宰性能

胴体重 （千克）	屠宰率 （%）	脂肪比率 （%）	背膘厚度 （厘米）	眼肌面积 （厘米²）
36.07±0.82	68.10±1.04	30.06±2.17	2.44±0.25	19.03±1.32

肌肉化学成分（鲜样）

水分（%）	粗蛋白质（%）	粗脂肪（%）	粗灰分（%）
68.32±1.09	22.25±1.03	7.08±0.48	1.1±0.07

繁殖力属于中等，母猪 4 月龄左右出现性行为，6~7 月龄体重 35 千克可配种，初产母猪窝产仔数约 6.5 头，经产母猪窝产仔数约 8.8 头。性野，耐粗饲，能利用大量的青饲料。

5. 品种特性 高黎贡山猪在高黎贡山山脉沿线傈僳族居住的山区和半山区饲养，其生存环境为高山坡陡的峡谷特殊地形，环境条件恶劣，当地农户多数采用的饲养方法是猪白天与牛、羊混群放牧，早、晚进行适当的补饲，所用饲料是玉米和青饲料混合的稀汤料，圈舍是用木杆搭成悬空的猪舍或是在人住的下面用木棍圈成的圈舍，猪舍非常简陋。在一小片地区，由于交通不便，农户都有留小公猪的习惯，用完后去势肥育，在这个地区长期闭锁繁育，不同的区域形成不同的高黎贡山猪类群，使高黎贡山猪适应低温高湿的环境，具有耐粗饲、抗病性强、体型小、生长慢、产仔数低、肉质好的特点，形成该地区独具特色的当家猪种。

（二）川藏黑猪配套系

2013 年 9 月，四川省畜牧科学研究院主持培育的川藏黑猪配套系猪种，通过了国家畜禽遗传资源委员会猪专业委员会的现场审定。这标志着历经 12 年，经 5 个世代选育的川藏黑猪配套系培育工作取得了突破性进展，是四川地方猪育种的重大科技成果，对于四川乃至全国的优质猪肉生产都将起到重要的推进作用。

川藏黑猪配套系是以藏猪、梅山猪等地方猪种为核心育种素材，集合地方猪种和引进猪种两类遗传资源的优势特色性状基因，育成的具四川特色和自主知识产权的三系配套优质风味猪配套系，既具有肉质细嫩多汁、鲜香爽口、香味浓郁、回味悠长的突出特点，又兼备生长快、胴体瘦肉率高的优良特性，是生产优质猪肉的优良猪种。培育过程中在四川省大部分地区进行中试，推广种猪 2 万余头，取得了良好的经济效益。种母猪平均窝产仔数 12.5 头，商品杂优猪体重达 90 千克日龄为 181 天，饲料效率 3.14，胴体瘦肉率 57.72%，肌内脂肪含量 4.07%。该配套系的育成，对发展我国特色养猪业，具有重要意义（图 5-3）。

图 5-3　川藏黑猪群

六、国家级保护品种

（一）猪品种的保护名录

八眉猪、大花白猪、马身猪、淮猪、莱芜猪、内江猪、乌金猪（大河猪）、五指山猪、二花脸猪、梅山猪、民猪、两广小花猪（陆川猪）、里岔黑猪、金华猪、荣昌猪、香猪、华中两头乌猪（沙子岭猪、通城猪、监利猪）、清平猪、滇南小耳猪、槐猪、蓝塘猪、藏猪、浦东白猪、撒坝猪、湘西黑猪、大蒲莲猪、巴马香猪、玉江猪（玉山黑猪）、姜曲海猪、粤东黑猪、汉江黑猪、安庆六白猪、莆田黑猪、嵊州市花猪、宁乡猪、米猪、皖南黑猪、沙乌头猪、乐平猪、海南猪(屯昌猪)、嘉兴黑猪、大围子猪。

摘自"中华人民共和国农业部公告(第2061号)"

(二)七类特色土猪

　　农业部在《特色农产品区域布局规划(2013—2020)》中指出:农业部将在规划期内对金华猪、乌金猪、香猪、藏猪、滇南小耳猪、八眉猪、太湖猪、优质地方鸡等11种特色猪禽产品进行重点发展。主要实施原产地保护,进行选育与提纯,通过改进养殖方式,扩大生产规模,建立标准化生产示范区,推进特色产品及其副产品深加工发展,强化品牌创建,形成产业链。

　　优势区域:

　　金华猪:浙江中西部、江西东北部;

　　乌金猪:云贵川乌蒙山和大小凉山地区;

　　香猪:黔东南、桂西北;

　　藏猪:西藏西南东南部、云南西北部、四川西部、甘肃南部;

　　滇南小耳猪:滇西边境山区;

　　八眉猪:陕西泾河流域、甘肃陇东、宁夏固原地区、青海互助县等;

　　太湖猪:江苏、浙江和上海交界的太湖流域。

——摘自《特色农产品区域布局规划(2013—2020)》

七、肉猪繁育新技术

(一)经济杂交

　　不同品种或品系间杂交所得到的杂种比亲本纯种具有较强的生活力,产仔多,生长速度快,耐粗饲,节省饲料,适应性强,抗病力强,容易饲养。例如,用长白公猪配北京黑猪母猪,长北一代杂种猪每窝产仔数约提高 25％,仔猪成活率约提高 20％,日增重提高 18％,节约饲料 15％,发病率降低 60％～80％,效果明显。

　　某个性状杂种优势的高低,可用杂种优势率来衡量,杂种优势率的计算公式是:

某性状的杂种优势率(％)＝

$$\frac{杂种某性状平均表现值－亲本平均表现值}{亲本平均表现值} \times 100$$

　　例如,长白公猪×荣昌母猪杂一代日增重 476.50 克,而长白猪为 446.00 克,荣昌猪为 313.50 克。

长荣杂种猪的优势率(％)＝

$$\frac{476.5－(446.0＋313.5)÷2}{(446.0＋313.5)÷2} \times 100＝25％$$

25％即为长荣(正交)杂种猪的优势率。

1. 产生杂种优势的基本规律

　　(1)杂种优势表现的程度决定于杂交亲本的差异程度　一般来说,亲本之间差异越大,杂交效果越明显。因此,应该选择那些在遗传、来源和亲缘关系上两个亲本差异较大的品种和品系进行杂交。所以,必须有计划、有步骤地开展杂交利用。如果无计划地乱交乱配,造成亲本间无明显差异,就不可能产生明显的杂种优势。

　　(2)不同经济性状表现的杂种优势不同

　　①最易获得杂种优势的性状　体质的结实性、产仔数、泌乳力、育成仔数、断奶重、断奶窝重等。

　　②比较容易获得杂种优势的性状　生长速度和饲料转化率等。

　　③不易获得杂种优势的性状　体型结构、胴体长、屠宰率、膘厚及肉的品质等。因此,在研究杂种优势时,一定要对不同组合、不同个体和不同性状进行具体的分析。

　　2. 常用的杂交方式　杂交方式包括两元杂交(两品种杂交)、两品种轮回杂交、三元杂交(三品种杂交)、近交系杂交、顶交、专门化品系杂交等。比较常用的是二元杂交和三元杂交。

(1)简单杂交 又叫二元杂交,又称单交,即用2个不同的品种(或品系)杂交,产生的一代杂种公、母猪全部经济利用(图5-4)。

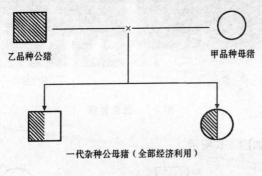

图 5-4 二元杂交模式图

这种方法简单易行,通常以当地品种为母本,只需引进一个外来品种作父本,即可进行杂交。一代杂种的优势可靠,如果杂交得好,在增产猪肉、提高繁殖率方面的效果都很明显。养猪业中有一个口号:"母猪本地品种化,公猪瘦肉品种化,肥猪一代杂种化",就是推广简单杂交常见的一种方式。

二元杂交包括:本地×本地,如内江♂×莱芜♀;藏猪×太湖猪;引入品种♂×本地♀,如杜洛克♂×莱芜♀等。凡以本地品种为母本、瘦肉型猪为父本的杂交俗称"土二元"。也可以是引入品种×引入品种,如杜洛克猪×长白猪等。

另外,由于巴克夏猪能生产雪花肉,又能消灭果园中的害虫,因而重新受到重视。如今巴克夏猪已成为瘦肉型或准瘦肉型品种了。巴克夏猪与中国地方猪杂交可生产中国品牌鲜猪肉;巴克夏公猪与杜洛克母猪杂交可生产国际品牌鲜猪肉;纯巴克夏猪放牧于果园、田间,可生产精品雪花猪肉(图5-5)。

(2)三元杂交 三元杂交就是先用2个品种(或品系)杂交,杂种一代母猪同第三个品种(或品系)杂交,产生的三元杂种公、母猪全部

公　猪　　　　　　　　　　　母　猪

图 5-5　巴克夏猪

经济利用，如图 5-6 所示。

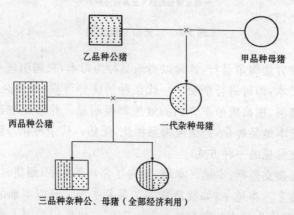

图 5-6　三元杂交模式图

　　这种方法的优点：一是能利用一代杂种母畜和三元杂种的双重优势。养猪实践证明，三元杂交总的经济效益往往超过二元杂交，三元杂种的优势一般也比二元杂种强。二是为杂种母猪的利用开辟广阔道路。这一点在长期进行二元杂交、一代杂种母猪越来越多的地方，更有现实意义。同时，以杂种母猪作为三元杂交的母本，比饲养纯种亲本更为有利，虽然还得引用第三个品种作父本（即终端公猪），但为数不多,比较容易解决。主要困难是组织三元杂交比二元杂交要复杂一些。至于用多品种杂交,当然更麻烦。同时,国外有试验证明,杂种优势并不一定随亲本品种的增多而提高,因而除鸡的四系配套合成外,一般不提倡搞多品种杂交,目前在养猪生产中应用较广的仍然是三元杂交。

(3)推广最佳杂交组合 我国各地相继进行了二元及三元杂交配合力测定,筛选适合本地推广的最佳杂交组合。读者可注意查阅当地畜牧部门的试验结果,以免走弯路。

二元杂交组合中,杜♂×本♀,大♂×本♀,长♂×本♀,都有较好的记录。以"杜×本"杂种猪瘦肉率较高,胴体品质较好。

在"土三元"中,以"杜大本"和"杜长本"效果较好。

在"外三元"中,以"杜长大"和"杜大长"效果最好。

3. 在大型养猪场应推广利用配套系 配套系比品种间或品系间杂交有以下几方面优势:

(1)瘦肉率更高 配套系瘦肉率为 65%～70%;"洋三元"为60%～65%。

(2)繁殖能力更强 配套系一胎产仔 12 头以上,2 年 5 胎;"洋三元"一胎 8～9 头,1 年 2 胎。

(3)生长周期更短 配套系长到 90～100 千克需 160 天左右;"洋三元"需 170 天左右。

(4)成本更低 配套系每增重 1 千克消耗饲料 2.8 千克以下,而"洋三元"消耗 3 千克左右。

(二)断奶至肥育一体化生产

研究表明,猪每转群或混群 1 次,就会停止生长 5～7 天。因此,生产中提倡仔猪断奶后转入肥育舍,圈养于同一栏圈,直到上市。断奶至肥育一体化的优缺点是:生长速度快,上市日龄可提前 10 天;饲料报酬略高;由于猪转群和清理圈舍的次数减少,劳动力成本降低;生长阶段早期的圈舍空间利用较差,年出栏头数减少;与传统饲养体系经济上相似。

（三）性别分群饲养技术

公猪、阉公猪及小母猪的攻击性和性冲动水平不同,肥育期混合性别饲养的话,公猪的攻击性会延迟母猪的生长。性别分群饲养时,可据生长速度、瘦肉率的差异配制不同营养水平的饲料,生长速度快,饲料报酬高,死亡率低。

性别对生产性能的影响:生长速度为公猪＞去势公猪＞小母猪;饲料利用率为公猪＞小母猪＞去势公猪;胴体瘦肉率为公猪＞小母猪＞去势公猪。

（四）全公猪直接肥育技术

全公猪直接肥育技术指肥育公猪不去势,直接肥育。国外品种猪性成熟晚,可用此技术。

传统肉猪生产,肥育公猪在出生后不久就被去势,以消除它们的性行为,便于管理,提高肉质。最近,澳大利亚、爱尔兰、西班牙、英国等已经开始饲养全公猪作为肉猪生产方式。El-lis(1998)报道,全公猪与阉公猪比较,生产性能和胴体性能明显提高,主要表现为瘦肉生长速度提高 10%～20%,胴体瘦肉率提高 8%～10%,饲料转化率提高 8%,采食量减少 10%。若用遗传育种的方法提高这些性状达到同样的水平,大约需要 10 年时间。此外,还可以减少去势所需的劳动力,减少应激和改善动物福利。

全公猪作为肉猪生产方式具有明显的经济效益,但该生产方式也有缺点,其中最大的缺点是公猪肉中的膻味,它主要是由雄甾酮(5-a-androst-16-en-3-one)和粪臭素(3-methyl-indole)造成。此外,全公猪生产方式的不利因素还体现在皮肤易损伤,DFD 猪肉出现频率高,屠宰率较低等。

据报道(Bonneau,1997),一些饲养方式可以降低全公猪肉的膻味,例如漏缝地板饲养、采用湿喂、自由饮水、清洁圈舍等都可以降低膻味。全公猪肉经加工后,例如加工成香肠、腊肉、火腿肠等,膻味会降低,或由调料掩盖其膻味。丹麦还研制出一种屠宰线上用于检测的装置,能快速测定胴体脂肪中粪臭素水平。总之,随着研究的深入,全公猪的生产方式会更广泛的应用。

八、繁殖技术新进展

(一)同期发情技术与定时授精

采用同期发情,使母猪配种、妊娠、分娩和仔猪培育在时间上相对集中,便于组织生产,有效地进行饲养管理,降低生产成本。同期发情的目的在于定时输精,这样有利于组织成批生产及猪群周转。可以采用两种方法来控制母猪的同期发情:一是诱导母猪排卵,二是规范具有正常发情周期母猪的黄体期。

1. 同期发情步骤 首先使用抑制发情的药物,然后同时停药,或者同时使用前列腺素溶解黄体,中断黄体期。用孕激素处理猪,常发生卵泡囊肿,故不宜应用,但也有一些成功的报道。发情抑制剂有米他布尔,青年母猪每日每头口服 100～125 毫克,成年母猪 150～200 毫克,每日 1 次或分 2 次投给,持续 20 天,停药后第一天注射孕马血清激素 750～1 500 单位,或经 3～4 天再肌内注射绒毛膜促性腺激素 500 单位。在注射绒毛膜促性腺激素后经 1 天定时人工授精或根据试情进行授精。

2. 哺乳母猪的同期发情方法

①仔猪同期断奶诱发同期发情。在哺乳的第四至第六周同期断奶,如能在断奶当天肌内注射孕马血清激素 1 000～2 000 单位,或 3～4 天后再肌内注射绒毛膜促性腺激素(HCG)500 单位,大多数母猪将于断奶后的 3～5 天发情。在注射 HCG 之后的第一天可进行人工授精。

②在断奶前数日开始每天饲喂米他布尔 100～200 毫克,持续数日,断奶当天或断奶后停药,如在饲喂米他布尔最后 1 天再注射孕马血清激素或再加注射绒毛膜促性腺激素,效果更好。

③在哺乳期的第十八至第二十五天,注射孕马血清激素 500～2 000 单位,并不断奶,可再引起 60%～90% 的母猪在注射后 4～5 天同时发情。在断奶后第八天仍不发情的待产母猪,使用氯前列烯醇＋PG600 效果最好。

3. 乏情母猪的同期发情　对于长期不发情的成年母猪或超过月龄仍未发情的青年母猪,可用促情腺激素处理,用药量可酌加。如首先用前列腺素消除持久黄体,再结合应用促性腺激素更为理想。

氯地酚又名可罗米酚,是一种合成制剂,可代替孕马血清激素。使用时,可先用少量酒精溶解,然后加入注射用水或生理盐水,使含量达到每毫升 20 毫克,每次注射 30～40 毫克。此药尚待进一步试验,以确定适宜的方法。

另外,上海多仔福公司从加拿大引进的"母猪诱情荷尔蒙",只需 1～2 喷就可刺激母猪发情。它并非药物或性激素,是高科技合成的公猪气味信息素。同样,他们也有公猪诱情荷尔蒙。

(二)深部输精新技术

深部输精是指当常规输精的外管隆起部分插入子宫颈外口处,再将内管延长 10 厘米,在子宫颈前段接近子宫体输精。该处内径较粗而且皱褶少,易造成精液直接而快速流向两侧子宫角,从而到达输卵管受精。深部输精既避免了精液的倒流,也减少了新鲜精子在子宫颈滞留的时间。据报道,在子宫颈滞留时间长的精子,起不到受精作用。

深部输精即使降低输精量,流入输卵管的有受精活力的精子也完全可以满足受精量。据报道,进入输卵管有活力的精子,有 10 000 个即可满足新鲜卵子的受精。采用深部输精,每次输精精子为 22 亿个(60 毫升)和 15 亿个(40 毫升),可满足输卵管中新鲜而有活力的成熟卵子的受精剂量。

罗牛山采用深部输精对提高产仔数和降低输精用量的研究表明，深部输精与常规输精的总产仔数及活仔均达到显著差异水平。在任何季节，无论是子宫颈前段或子宫体输精，都将使所输精液量快速地进入两侧子宫角和输卵管提高卵子受精率，与 80 毫升剂量相比，降低剂量后的 60 毫升、40 毫升剂量可以取得同样的产仔数效果。

（三）精液稀释液配制新进展

精液稀释是指在精液中加入适宜精子存活并能保持精子活力的稀释液，目的是增加精液量、扩大配种数，延长精子的保存时间，提高公猪的利用率。稀释液的种类主要包括现用稀释液、常温（15℃～20℃）保存稀释液以及低温（0℃～5℃）保存稀释液。现用稀释液一般用于采精后对精液立即进行稀释，目的是扩大精液量，以增加配种母猪数。这类稀释液一般以简单且等渗透压的糖类或奶类为主体；常温稀释液，用于精液常温短期保存，这类稀释液的主要作用是扩大精液容积，为精子提供代谢所需的能量物质、适当的 pH 值和渗透压环境，平衡稀释后精液中的电解质，抑制细菌的生长，保证精子体外存活时间及结构功能的完整性。稀释液没有统一的成分，但一般都含有营养成分、缓冲液、抗生素和金属离子等。常用的猪精液稀释液种类有很多，其配方有以下几种。

Cerolrts 等认为，向稀释液中加入抗氧化剂维生素 E 能抑制精子质膜上多聚不饱和脂肪酸的氧化，提高精子存活率。茹达干等，通过在稀释液中添加 5～10 摩尔的褪黑激素，使精子的存活时间延长。吴奇喜等通过试验表明，加入血清白蛋白（BSA）对公猪精液的保存有一定的效果。在 BTS（贝茨维尔解冻的解决方案）精液稀释液中添加吲哚-3-乙酸（IAA）能显著提高精子顶体的完整率（Toniolhr 等）。吕世文等认为，催产素能促进母畜生殖道的蠕动，有利于加快精子的运动，提高精子活力。据张谋贵报道，向稀释的精液中添加催产素可以提高猪的情期受胎率和产仔数。Okazaki 等研究发现，冷冻稀释液以及常温稀释液中添加 5 单位的催产素能促进精子向输卵管运转，提高母猪受胎率。

四川省畜牧科学研究院研制的用于常温保存的"猪精液稀释剂"，其"精保Ⅰ号"可保存(活力 0.5 级)6 天；"精保Ⅱ号"可保存(活力 0.5 级)3 天。我国已引进西班牙精液稀释粉、丹麦猪精液常温保存稀释粉和法国 IMY(卡苏)公猪精液稀释粉等，可供大、中型养猪企业试用。

(四)早期妊娠诊断技术

妊娠诊断方法很多，如常规的外部观察法和直肠检查法，简便易行且具有一定准确性，但由于不能在妊娠早期做出准确判断，因而只能将其作为重要的辅助诊断方法之一。早期妊娠诊断方法有超声波诊断法和发情诱导法等。

1. 超声波诊断法　超声波诊断法是利用超声波的物理特性和动物体组织结构的声学特点进行妊娠诊断的一种物理检查法。目前，应用的超声波诊断仪器主要有 A 型、B 型和 D 型，猪场应用最广泛的是 B 型，B 型超声波诊断仪是依据不同组织反射回来的超声波信号转化成不同图像的原理进行妊娠诊断。早期孕囊由于充满液体，在显示屏上呈现接近圆形的暗区，其他区域则亮度较高，该方法被认为是一种高度准确、快速的妊娠诊断方法。丁岚峰认为，母猪配种后妊娠诊断准确率第 18 天为 35％，19 天为 67％，20 天为 90％，21 天为 95％，22 天以后为 100％。陈钟鸣等应用超声断层扫描诊断早期妊娠，可在配种后 20 天探到胚囊，配种后 22～28 天早期妊娠诊断的准确率可达 99.2％。目前市场上有较多进口的便携式诊断仪，操作简单、准确率高、重复性好、安全无副作用。因此，该诊断方法在大型猪场具有实用意义。

2. 发情诱导法　母猪妊娠后会产生功能性黄体，其产生的黄体酮(孕酮)可以中和注射的外源性雌激素或孕马血清促性腺激素

(PMSG)，使之不发情。利用雌激素诱导发情的方法进行妊娠诊断，在日本使用普遍，准确率达 90%～95%。研究发现，技术人员于母猪配种后 17 天注射 1 毫克己烯雌酚，或于配种后 18～22 天注射由 2 毫克雌二醇缬草酸盐和 5 毫克睾酮庚酸盐组成的混合物，或者由 1% 丙酸睾酮 0.5 毫升和 0.5% 丙烯酸雌酚 0.2 毫升组成的混合液，若母猪在 3～5 天没有发情表现，则认为其已经妊娠。且母猪配种后的 14～26 天，于猪颈部注射 700 单位外源 PMSG，可促进母猪发情。林峰等应用 PMSG 制剂对 52 头配种后 14～26 天的母猪进行早期妊娠诊断，注射后 5 天内妊娠与未妊娠猪的确诊率均为 100%，用该制剂对母猪进行早期妊娠诊断的最佳时间是配种后 14～17 天，比超声波诊断更早。

发情诱导法，检出时间短，具有妊娠诊断和诱导发情的双重效果，且激素制剂价格低廉；操作简单，适用于广大猪场进行现场操作。但需要注意的是，母猪个体间对激素的敏感性差异较大，判断的准确性易受影响。

3. B 超检测仪器 北京仁和机械厂生产的 N800 型便携式兽用 B 超，配种后 21 天即可准确鉴定是否妊娠，也可及时发现流产和胚胎吸收，还可估测胚胎数目等。

此外，南京畜牧设备有限公司生产的猪用 B 超也可起到上述作用。

市场还有其他多种测孕仪器供选用。

第六章　猪营养与饲料科技新进展

饲料是猪生命活动、繁殖、增加产品数量、改善产品质量的物质基础。扩大饲料来源，科学加工利用永远是一项重要的实用科学技术，饲料的数量、质量和合理搭配是提高效益的关键之一。

一、饲料的营养成分及功能

(一)水

水是猪体组织细胞的组成部分，起着对营养物质消化、吸收、输送和代谢，对分解的废物、有毒物质、没被消化物质的排出作用，有着细胞渗透压的平衡、器官的润滑、体温的调解功能，是维持生命、生长、发育、繁殖、泌乳等不可缺少的物质。动物断食几天、十几天体重损失 50%～70%仍能生存，如果断水几个小时，水分损失 20%就会死亡。给予猪群充足的清洁的饮水是必不可少的，猪对水的需要量与气温、饲料性质、猪龄大小、代谢强度有密切关系，饮水量一般为体重的 10%～20%。

(二)蛋白质

蛋白质是构成猪体各种组织、器官、细胞、体液和激素、酶类的生成，维持正常代谢、生长发育和生命活动不可代替的核心营养物质。

蛋白质水平通常用粗蛋白质的百分率表示，其中除蛋白质外，还含有非蛋白质的氮化物。可消化粗蛋白质用克/千克表示。

蛋白质的质量比数量更重要，质量的优劣取决于必需氨基酸含量完全,比例适当和吸收率高。

蛋白质由 20 多种氨基酸组成,其中有 10 种是猪本身不能合成或合成量不足,必须从饲料里供给,叫必需氨基酸,如赖氨酸、蛋氨酸、色氨酸、苏氨酸、苯丙氨酸、亮氨酸、异亮氨酸、组氨酸、精氨酸和缬氨酸,其中赖氨酸更易感缺乏,叫限制性氨基酸。还有其他 10 多种氨基酸,饲料中也有,猪本身也能合成,不易缺乏,叫非必需氨基酸。蛋白质质量差就是含必需氨基酸不全面或比例不当,蛋白质利用率低或不能利用而导致生长受阻,营养不良,甚至死亡。因此,在猪的日粮配合中更应注意必需氨基酸的全价性。

(三)碳水化合物

碳水化合物包括无氮浸出物和纤维素,无氮浸出物含淀粉、糖类,猪易消化吸收。纤维素包括半纤维素和粗纤维素以及少量的木质素,对猪来说是难于吸收的物质。

碳水化合物主要给猪提供能量,维持呼吸、消化、吸收、内分泌、繁殖、泌乳、神经传导、保持体温、运动等生命活动。这种能量剩余时,另一部分输送到组织,器官转化为体脂储存于皮下、腹壁和内脏周围,一部分储存于肝脏形成肝糖原,储存于肌肉形成肌糖原。

能量供应不足,首先分解脂肪,表现掉膘、消瘦严重到脂肪耗尽分解实质器官,造成氮的负平衡就有生命危险了。碳水化合物提供廉价的能量,但在母猪空怀期和妊娠前期、肥猪后期应控制能量摄入,防止过肥。

猪对碳水化合物的利用主要是淀粉和糖类。纤维素体积大,难消化,营养价值低,但一定量的纤维素能充实胃肠,有饱腹感,有刺激胃肠蠕动、促进消化液分泌的作用。如超过限度会影响饲料的效果,一般仔猪不加,生长猪、肥育猪不超过 7%,繁殖母猪以 10%～12%为宜。

(四)脂　肪

脂肪主要由脂肪酸构成的碳氢氧化合物,产生的能量相当于碳水化合物或蛋白质的 2.25 倍,有防止体热扩散、保护内脏、构成组织细胞调解代谢的功能,为维生素 A、维生素 D、维生素 E、维生素 K 的溶剂,维护皮毛、神经、激素的生成,缺乏必需的脂肪酸会出现僵猪、干尾和皮炎。必需脂肪酸包括亚麻油酸(简称油酸)、次亚麻油酸(简称亚麻酸)和花生油酸。

脂肪一般不作饲料,一般日粮中含量即可满足需要,植物脂肪价格昂贵,多了会导致脂肪变软、消化不良等。但对仔猪和妊娠母猪产前半个月加喂一定量的脂肪(动、植物脂肪各半)有助于提高仔猪初生重、成活率和增重。

碳水化合物、脂肪和蛋白质都给猪体提供能量,能量有总能、消化能、代谢能、净能之分,能量的计量单位过去用卡、大卡(千卡)和兆卡,近年来采用焦、千焦、兆焦。换算方法:1 卡 = 4.184 焦,1 焦 = 0.239 卡,猪采用消化能计算能量。

(五)矿　物　质

矿物质参与物体的组成和代谢中维持正常的生理功能的作用,钙、磷、钠需求量较高,称常量元素。铜、铁、锌、锰、碘、镁、钴、钾、硫需求量低,称微量元素。硒是必需营养元素,但用量极微,超量会引起中毒,叫超微量元素。

1. 钙和磷　钙和磷占猪体全部矿物质的 65%～70%,钙的99%、磷的 75%～85%存在于骨骼中,猪体钙、磷不足表现食欲减退、异食癖、仔猪衰弱,幼猪佝偻病,妊娠母猪死胎、弱胎、畸形;哺乳母猪消化紊乱、惊厥、废食、瘫痪,公猪性功能减退和精子不正常。出血时血液不凝固。

根据生长阶段和用途在日粮中添加 1%～1.5%的钙、磷,钙、磷比例约为 2∶1 或 1.5∶1;同时,加足量的维生素 D。

2. 氯和钠　氯和钠以离子形式存在于猪的软组织和体液中,起着调解代谢、维持细胞与体液的渗透压和酸、碱平衡的功能。

3. 铁、铜、钴　铁、铜、钴是造血不可少的微量元素,铁是构成血红素和肌红素的成分,调节促进血红细胞的形成;铜具有刺激生长、提高饲料转化率的作用;钴是维生素 B_{12} 的组成物质。

4. 锌　锌是猪皮质层碳酸酐酶的成分,仔猪锌缺乏会出现生长停滞,皮肤干裂、角质化、发炎、脱毛,干尾、折尾。

5. 碘　碘是甲状腺的成分,甲状腺是调解猪体新陈代谢、促进生长、繁殖、泌乳不可少的激素。碘供应不足引起甲状腺肿大、死胎、弱胎、胎儿无毛、胎衣不下等。

6. 镁、锰、硫、钾　是在猪生命活动中不可缺少的微量元素。

7. 硒　硒是谷胱甘肽过氧化酶的组成部分,与维生素 E 有协同作用,缺乏时可引起心肌变性、肝坏死、水肿、白肌病等。

(六)维 生 素

维生素是猪生命活动必需的物质,需求量甚微,既不是能量的来源,也不是构成器官的原料,在猪体内起着促进蛋白质、碳水化合物、脂肪和矿物质等营养物质的合成与降解作用,参与新陈代谢。如果没有维生素的参与,这些进程就会失调和被破坏,生命就要终结。

猪体大多数维生素需从饲料中补充。

1. 脂溶性维生素

(1)维生素 A　有促进细胞增殖和上皮细胞正常活动,维持视力和内分泌的功能。缺乏时上皮细胞角质化,视力、呼吸道、消化道、繁殖功能受到干扰。

(2)维生素 D　调节钙、磷的吸收和平衡,缺乏时出现钙、磷不足相同的症状,食欲不振,被毛粗糙,仔猪骨软症、母猪骨质疏松症。

(3)维生素 E　调节生殖功能,维护心肌及肌肉的正常功能,促进细胞的代谢。缺乏时表现和缺硒一样的症状,母猪不孕或孕猪胚胎萎缩,公猪睾丸发育不良。

(4)维生素 K 防止幼猪流血不止和代谢障碍引起的贫血。成年猪有自身合成的功能。

2. 水溶性维生素

(1)B 族维生素 ①维生素 B_1 和维生素 B_2 都有激活代谢酶,调节神经活动和肌肉活动的功能,缺乏时神经失调,生长缓慢。②泛酸、烟酸、生物素对各种营养物质代谢,维持生理功能有密切关系。③维生素 B_{12} 是造血的激活物质,缺乏时易引起贫血。

(2)维生素 C 维持血液正常,缺乏时会引起黏膜出血,齿龈溃疡,仔猪应考虑补充,成年猪自身有合成能力,不需要补充。

二、饲料添加剂新进展

饲料添加剂是指向基础饲料中添加各种大量或微量成分。它的目的是提高饲料的营养全面性,提高饲料转化率,促进猪只生长,预防疫病,改善猪肉品质等。大致包括营养性添加剂和非营养性添加剂两大类。

为了保障人类健康,防止抗生素耐药性从动物产品向人类转移,国家已颁布"食品动物禁用的兽药及其化合物清单",部分抗生素已被禁用。为了少用或不用抗生素等药物,益生菌、益生素和有机酸等添加剂起到良好作用。酶制剂可以加速营养物质在消化道中的降解,促进消化吸收。中草药添加剂成新宠。中草药添加剂有提高机体免疫力,调节胃肠道消化功能,防病抗病等多方面功能,渐成养猪界关注、研究、推广的项目。

常用中草药功能分类如下。

清热解毒、杀菌消炎药:常用的药物有黄柏、马齿苋、黄芩、牡丹皮、茵陈、穿心莲、苦参、金银花、连翘、板蓝根、鱼腥草、青蒿、紫苏、柴胡等。此类药有清热解毒、抗菌消炎的作用,能增强畜禽对疾病的抵抗力。

解表药：常用的有白芷、菊花、桑叶、葛根、黄荆子、荆芥等。

补益药：常用的有何首乌、黄芪、山药、当归、淫羊藿、杜仲、五味子、芦巴子、甘草、白术、党参等。针对瘦弱体虚或久病初愈的畜禽的生理特点，进行补虚扶正，调节阴阳，提高畜禽对疾病的免疫力。

健脾理气药：常用的有山楂、神曲、麦芽、陈皮、青皮、枳实、枳壳、乌药等。具有芳香气味，有消食健胃作用。

杀虫药：常用的有松针粉、贯众、常山、南瓜子、槟榔等。可驱除畜禽体内寄生虫，促进生长。

化痰止咳药：常用百部、桑白皮、昆布、桔梗等。

安神药：常用的有酸枣仁、柏子仁、远志、松针、五味子等。具有养心安神作用，能催肥长膘，提高饲料利用率。

祛寒药：常用艾叶、肉桂、茴香、附子等。

收敛止血药：常用仙鹤草、地榆、乌梅子等。

行血药：常用的药有红花、牛膝、益母草、鸡血藤、川芎等。能促进血液循环，增强胃肠功能，加强消化吸收。

祛风湿及化湿药：常用仙鹤草、蚕沙、藿香、苍术等。

天然矿物质：常用麦饭石、沸石、海泡石等。

目前，市场有很多现成制剂，如黄芪素（黄芪多糖粉）、防蓝灵（黄连解毒散）和甘草颗粒等，使用方便。

（一）有机微量元素

有机微量元素主要是指氨基酸与微量元素以特定的化学键螯合而成的络合物，除了具有提高氨基酸和微量元素的生物学利用率外，还具有独特的免疫功能。在断奶仔猪饲料中主要使用蛋氨酸锌、赖氨酸铜、甘氨酸铁。

哺乳仔猪缺铁性贫血是养猪生产中普遍存在的问题，甘氨酸络合铁对于仔猪缺铁性贫血有独特的疗效，具有快速补血生血的作用，对提高仔猪血红蛋白含量、成活率、断奶窝重有明显的效果。

Laveme Schugcl 等特别指出，在接种、去势、应激、疾病、恶劣气候和变更日粮中,喂给蛋氨酸锌对猪有良好的作用。北卡罗米纳州大学的 J. W. Spear 研究表明,饲喂蛋氨酸锌的猪对植物凝血素抗原有较大的反应,说明蛋氨酸锌可以增强猪的免疫系统。

甘溢凌等(1999)用 250 克/吨蛋氨酸锌和 100 克/吨赖氨酸铜饲喂 28 日龄的乳猪,结果表明,试验组的生长速度明显快于对照组,日增重提高 8%,料重比也好于对照组,节省饲料 4%,同时试验组生长均匀,皮肤红润,基本无腹泻现象。

(二)核 苷 酸

核苷酸是一类低分子化合物,在动物体内许多的生化过程中具有重要的作用。在某些情况下,如机体迅速生长,处于免疫应激,肠、肝损伤及其他疾病状态时,一些器官、组织内源合成的核苷酸不能满足机体的需要,日粮中的核苷酸对维持免疫系统正常功能、肠道的生长发育、肝组织功能及脂肪的代谢都有重要的影响。

在乳猪料中添加核苷酸,对提高仔猪的采食量、日增重和饲料转化率有显著的作用。

此外,大蒜素添加剂、寡聚糖类、甜菜碱、牛至油以及谷氨酰胺和猪肠膜蛋白等都逐渐被广泛应用。

使用添加剂一定要坚持因地制宜、对症、适量,最好是先做试验,取得经验后再推广。

三、饲料中添加油脂新技术

(一)添加油脂的作用

脂肪是动物体内能量的来源之一,它在体内氧化分解时所产生的可利用能量,比同重量的碳水化合物或蛋白质高 2.25 倍。饲料脂肪在小肠内受到胆汁、胰脂肪酶和肠脂肪酶的作用,分解为甘油和脂肪酸,被肠壁直接吸收,沉积于猪体脂肪组织中,变为体脂肪。所以,饲料脂肪在猪体内转化为体脂肪比碳水化合物及蛋白质要容易得多,而且转化的效率也较高。

脂肪可以供给幼畜必需脂肪酸。脂肪酸中的十八碳二烯酸(亚麻油酸)、十八碳三烯酸(次亚麻油酸)及二十碳四烯酸(花生油酸)对仔猪具有重要作用,称为必需脂肪酸,生猪体内不能合成,必须由饲料中供应。按比例添加不同种类的油脂,达到脂肪酸之间的互补作用,可以提高饲料利用效率。

饲料中的脂溶性维生素 A、维生素 D、维生素 E、维生素 K,被生猪采食后,必须溶解于脂肪中,才能被畜体消化、吸收利用。因此,加入脂肪就等于添加了脂溶性维生素。

饲料中添加油脂的作用:改善饲料的适口性,增加采食量,提高增重;配合饲料中添加油脂,会减少粉尘,有利于职工保健;减轻机械的磨损,延长使用年限;减少饲料的浪费;提高饲料粒状效果,改善饲料外观;减少热应激的损失;脂肪在体内氧化过程中,在放出热量的同时,还形成大量水分,对生猪体内水分调节具有重要作用;脂肪是构成动物体内组织和器官的重要成分之一。可利肠泻火润燥。

(二)添加油脂的应用效果

1. 仔猪、生长猪和肥育猪 添加油脂日粮对生长猪(25~55 千克)的影响大于肥育猪(55~100 千克)。日粮能量提高后,生长猪和肥育猪的饲料转化率得到改善(分别为 13.5% 和 8.6%)。随着油脂价格的不断下跌,参考猪的行情走势,在商品猪料前期配方中加入 1%~2% 的油脂是切实可行的。

豆油与椰子油按 1:1 混合,在断奶的猪日粮中添加 2%~5%,实验组比对照组增重 14.5%。

在断奶仔猪的日粮中添加 1%~2% 的葵花籽油,可使增重提高 10%~14%,死亡率下降 50% 左右。

农村饲喂的架子猪,豆油一汤匙,熬后兑入米汤 500 毫升,搅匀拌入日粮中有弱猪催壮,瘦猪催肥,增强抗病力作用。

一般来说,生长肥育猪可添加 3%～5% 的油脂,而乳猪开食料可达 5%～10%。

2. 母猪　在母猪哺乳带仔阶段,饲料中添加不同来源的油脂也对母猪乳汁品质,提高仔猪生产性能,改善母猪体况,缩短断奶发情间隔有益处。苏联学者研究,在妊娠母猪产前 2 周内,每日按饲料干物质 6% 的比例添加玉米油,可使新生仔猪体重提高 10%～12%。妊娠—哺乳母猪添加油脂的数量可按 10%～15% 来掌握,从 12.13 兆焦/千克提高到 13.81 兆焦/千克,可减轻炎热高温带来的危害,提高日增重和饲料转化率。在蛋鸡日粮中添加一定数量的红花籽油,可连续生产具有保健作用的低胆固醇蛋。

(三)添加油脂注意事项

控制添加数量。如加脂量在 5% 以上,对于肥育猪没有增重效果,反而导致肥胖和瘦肉质下降。Berschauer 等证明,在猪日粮中添加 10% 向日葵油时肌肉软化,为此建议添加植物性脂肪不宜超过 1.5%,动物油脂和植物油脂应等量添加。

保证油脂的质量,必须没有异味,防止掺杂、氧化、变质、发霉、有毒、受污染等,需要添加适量的抗氧化剂防止酸败。常用的油脂抗氧化剂有 BHT(二丁基羟基甲苯)或 BHA(CJ 羟基茴香醚),每吨饲料添加 150 克。

加油脂后的饲料必须添加适量的维生素 B_{12} 和维生素 C,便于油脂的吸收利用和提高饲料转化率。

要注意能朊比,防止因添加油脂造成蛋白质和氨基酸的不足。

添加油脂必须循序渐进,由少到多,先喂 1/3 量,然后是 1/2 量,最后达到设计全量,一般需要 3～4 周时间。

(四)动物油脂添加工艺

动物油脂添加工艺分为加热、计量、加压和喷油 4 道工序。

1. 加热 用 3 千瓦的电热器插入油桶进行预热,使动物脂肪由固态变成液态,每桶约需 1 小时左右,油温达 50℃~70℃。

2. 人工计量 要求准确。将计量后的油倒入带有活塞油位计的定量桶内,一次计量多次使用。

3. 加压 热油通过 1.5BA-6 型油泵,压力为 1.7 千克/厘米^2,压入喷油缸内。

4. 喷油 2 根喷油管直接插入混合机两侧。喷油孔直径为 1.5 毫米,共计 150 个,同时喷油,其总喷油面积为 265 毫米^2。泵出口面积与喷油孔面积之比为 3.84 : 1,以便提高喷油强度,喷油时间为 30 秒钟。

低温或冰冻的植物油加工方法同上。

(五)脂肪粉的应用

1. 脂肪粉的分类

粗脂肪>95%的棕榈油脂肪粉,其消化能为 33.487 兆焦/千克。呈乳黄色固体粉末状。

乳化均衡粉末脂肪营养指标见表 6-1。

表 6-1 乳化均衡粉末脂肪(商品名优脂能)的营养指标

粗脂肪(%)	≥50	单不饱和脂肪酸(MUFA)(%)	12~15
水分(%)	≤3	多不饱和脂肪酸(PUFA)(%)	12~16
粗蛋白质(%)	≥3	饱和脂肪酸(SFA)(%)	≥15
消化能(兆焦/千克)	29.3	不饱和脂肪酸与饱和脂肪酸比例(U/S)	1.68~2.25
代谢能(兆焦/千克)	27.2	多不饱和脂肪酸与饱和脂肪酸比例(PU/S)	0.5~1.5
酸价(克 KOH/千克)	≤10	ω—6 脂肪酸:ω—3 脂肪酸	3~8
(EPA+DHA)(%)	≥2	灰分(%)	≤3
淀粉(%)	≥30	每 100 克含总糖(克)	≥0.5

2. 功能性脂肪 营养指标见表 6-2。

表 6-2 功能性脂肪(商品名优速能)的营养指标

粗脂肪(%)	≥70	消化能(兆焦/千克)	≥36.8
水分(%)	≤2	代谢能(兆焦/千克)	≥33.5
粗蛋白质(%)	≥2.0	中链三酰甘油(%)	≥70
碳水化合物(%)	≥20	辛酸(C8∶0)(%)	≥42
灰分(%)	≥2	癸酸(C10∶0)(%)	≥28

3. 添加比例及作用 广西大学动物科学研究院陈颋等试验,在母猪妊娠后期和哺乳饲粮中添加 2% 的棕榈油脂肪粉,可显著提高泌乳母猪哺乳期常乳中乳脂、非脂固形物水平。添加 2% 的作用显著高于 1%。

华南农大魏可健等,从母猪产前 1 周至仔猪断奶,对照组饲喂玉米-豆粕型基础饲粮,优脂能组在基础饲粮中添加 4% 乳化均衡粉末脂肪(商品名优脂能),优速能组在基础饲粮中添加 0.40% 功能性脂肪(中链三酰甘油,商品名优速能)。结果表明,与对照组相比,优脂能组显著提高乳中 ω-3 脂肪酸(二十碳五烯酸、二十二碳六烯酸)的含量,降低乳中 ω-6 脂肪酸(C 18∶2)的含量,母乳乳脂率、仔猪断奶重显著提高;优速能组提高乳中中链脂肪酸(C 8∶0 和 C 10∶0)的含量,仔猪断奶重、成活率及乳脂含量也有所提高。结论:在母猪妊娠后期及哺乳期饲粮中添加脂肪(尤其是乳化均衡粉末脂肪),可提高乳中 ω-3 脂肪酸(尤其是二十碳五烯酸、二十二碳六烯酸)含量及乳脂率,显著提高仔猪哺乳期增重,改善仔猪生长性能。

ω-3 脂肪酸,即欧米伽-3 脂肪酸是对人类及动物有益的必需脂肪酸。ω-3 脂肪酸包括十八碳三烯酸(又称 α-亚麻酸,简称 ALA,亚麻籽油中含量最多,其次是紫苏油和芥子油)、二十碳五烯酸(EPA)、二十二碳六烯酸(DHA)。后两种存在于精制鱼油中。

目前,市场上有各种品牌的脂肪粉供大家选用。如北京中大北华牧业公司生产的乳化均衡油粉系列、乳化油系列、奇迹猪系列等；湖北山川生物科技公司生产的春风 500 均衡油粉（种畜专用型）、2-50 乳糜化均衡油粉（幼畜专用型）等。

四、节粮省钱高效养猪新技术

我国经济的快速发展，带动了农林牧加工副产品和食品加工副产品极大地增加，充分利用这些物质养猪将显著降低饲养成本，提高经济效益。

（一）动物粪便饲料化利用

块根作物能量较高，动物粪便蛋白质较高，两者混合青贮，实现营养互补（表 6-3）；水果、蔬菜和动物粪便混合青贮，也可以起到营养互补的作用（表 6-4）。

表 6-3　块根作物与动物粪便青贮

粪便类型和比例（%）		块根种类和比例（%）	青贮料中干物质含量（%）	青贮料的营养成分（干物质的%）					
				粗蛋白质	粗纤维	钙	磷	灰分	消化能（兆焦/千克）
产蛋鸡垫草	42.9	甜菜渣（新鲜的）	57.1	11.1	21.9	2.40	0.87	15.2	11.23
后备鸡垫草	34	甜菜头和叶	56	31.7 16.3	16.0	1.50	0.69	21.3	10.68
	22.4	新鲜木薯根（切碎）糖蜜	74.63	6.0	8.0	0.80	0.45	6.7	14.36
	27	新鲜马铃薯（切碎）糖蜜	703	12.8	8.5	0.84	0.66	8.5	12.70

续表 6-3

粪便类型和比例（%）		块根种类和比例（%）		青贮料中干物质含量（%）	青贮料的营养成分（干物质的%）					
					粗蛋白质	粗纤维	钙	磷	灰分	消化能（兆焦/千克）
肉用仔鸡垫草	50	木薯根粉①	50	52.3	14.0	14.5	0.77	0.48	11.4	12.52
	60	木薯根粉①	40	61.7	16.4	16.6	0.88	0.56	12.5	11.97
	50	木薯根粉① 糖蜜 H₃PO₄	46 3 1	50.9	15.1	14.3	0.80	0.72	11.8	12.34
肉用仔鸡垫草 30 牛粪肥 30		木薯根粉 糖蜜 H₃PO₄	36 3 1	52.7	14.8	20.3	0.63	0.75	10.5	11.23
肉用仔鸡垫草 30 牛粪肥 30		木薯根粉 糖蜜	30 10	51.3	13.9	20.1	0.69	0.51	10.6	11.42

表 6-4　水果、蔬菜与动物粪便青贮

粪便类型和比例（%）		能量来源和比例（%）		青贮料中干物质含量（%）	青贮料的营养成分（干物质的%）					
					粗蛋白质	粗纤维	钙	磷	灰分	消化能（兆焦/千克）
肉用仔鸡垫草	31	苹果渣	69	40.0	13.8	17.0	0.81	0.64	7.4	11.97
产蛋鸡垫草	33.3	苹果渣	66.7	40.0	10.3	19.0	1.30	0.77	11.3	11.60
	35.6	花椰菜叶片 糖蜜	61.43	40.0	16.0	15.0	3.40	1.09	20.0	10.12

四、节粮省钱高效养猪新技术

续表 6-4

粪便类型和比例（%）		能量来源和比例（%）	青贮料中干物质含量（%）	青贮料的营养成分（干物质的%）					
				粗蛋白质	粗纤维	钙	磷	灰分	消化能（兆焦/千克）
后备鸡垫草	33.3	甘蓝叶片糖蜜	63.73	40.0	20.3	14.5	3.50	0.69	17.9	10.31
	37	胡萝卜叶片糖蜜	603	40.0	17.0	16.0	2.10	0.90	16.5	10.86
	38.7	葡萄柚渣（榨油以后）	61.3	41.2	14.0	20.0	1.85	0.75	10.2	12.70
牛 粪	63	海藻废料	37	40.0	12.6	26.5	0.25	0.44	7.9	10.50
后备鸡垫草	27	番茄罐头厂废料糖蜜	703	40.0	23.6	23.6	1.07	0.90	9.2	11.97
	11.6	酿酒厂废料	88.4	40.0	14.7	25.0	1.04	0.42	9.8	11.42

将高蛋白质、高矿物质的动物粪便与高能量饲料相混合青贮，可达到营养平衡。

能量饲料泛指每千克干物质中含有 3 兆卡或 12.56 兆焦消化能的饲料。能量饲料的粗蛋白质含量大多在 20% 以下，粗纤维含量在 18% 以下。常规的能量饲料有：谷实类、糠麸类、块根块茎类、糟渣类。我们应利用含消化能较高的副产品作为饲料。

由于广泛应用配合饲料，动物粪便特别是鸡粪的营养成分显著增加，已经成为有价值营养成分的保存库。联合国粮食及农业组织于 1980 年开始，号召充分利用动物粪便再生饲料饲喂各种动物，以减少环境污染，大幅降低养殖成本。发达国家早已把鸡粪加工饲料推向市场，一种叫"托普蓝"的产品销往世界各地。

我国有部分养猪单位较早使用鸡粪加工饲料，取得了良好的经济效益。例如，泰安市电业局畜牧场，从 1990 年开始就将鸡粪通过发酵机发酵后喂猪。

　　适当加工的动物粪便的外形、味道和气味都很好,已没有原来的不良特征。动物粪便中的粗蛋白质含量几乎比动物采食的饲料中的粗蛋白质高50%。此外,动物粪便中还含有其他基础养分,如粗纤维、钙、磷,其他矿物质和微量元素、各种维生素和一些未知营养因子。事实上,动物粪便中的大多数维生素的含量均高于它们采食的基础饲料。一些动物粪便可以代替非常有价值的蛋白质饲料,如大豆粉、花生粉、棉籽饼等。总之,动物粪便中的蛋白质和矿物质丰富,但消化能较低,需与蛋白质含量低而能量高的饲料配合应用,才能收到理想效果,最好与水果废料青贮,能营养互补。

　　动物粪便中的营养成分,以鸡粪营养价值最高(表6-5)。

表6-5　鸡粪的营养成分

类　型	干物质 (%)	营养成分(干物质的%)					
		粗蛋白质	粗纤维	钙	磷	灰　分	消化能 (兆焦/千克)
肉用仔鸡粪	87	33.0	11.0	2.6	1.9	12.0	12.77
后备鸡粪	85	24.0	16.0	2.6	1.9	18.0	11.31
产蛋鸡粪	75	25.0	17.0	5.0	2.1	26.0	7.30

　　鸡粪加工方法很多,以青贮(21天)、密闭发酵(2天)、发酵机发酵、微波炉干燥、高温或低温烘干等比较实用。

　　应特别注意,鸡粪饲料应来源于没有投放药物的肉鸡或蛋鸡的新鲜粪便,其中任何物质含量不得超过致害量,不含玻璃、铁钉等异物,蛋白质、脂肪的最低含量和粗纤维的含量应该注明等。

　　不能将鸡粪饲料单独喂猪,一般2份高能的饲料,配合1份鸡粪饲料较好。

　　此外,节粮省钱喂猪关键技术还包括充分利用青绿多汁饲料,单细胞蛋白质饲料、屠宰废弃物、昆虫饲料以及农副产品和食品加工副产品等。

总之，如果再单纯依靠"玉米＋豆粕＋添加剂"养猪，将永远摆脱不了低效甚至亏损的局面。

（二）节粮省钱参考饲料配方

①妊娠母猪：发酵鸡粪 40.0％，玉米 44.0％、豆饼 1.0％、小麦麸 14.85％、食盐 0.13％、多种维生素 0.02％。此配方（张鹤亮等）其产仔窝重、育成率和泌乳力都优于不加发酵鸡粪的对照组，可降低成本 33.04％。

建议：空怀待配母猪也可将发酵鸡粪加到 40％，并添加青绿多汁饲料。哺乳母猪可加发酵鸡粪到 20％～30％。

②生长肥育猪：配合饲料或混合饲料 70％，鸡粪加工饲料 30％，不限量饲喂，其生长速度和饲料利用率与不加鸡粪对照组相近，差异不显著。

③生长肥育猪：肉仔鸡粪 31％、苹果渣 69％，青绿饲料随意采食。

④生长肥育猪：产蛋鸡粪 33.3％、苹果渣 66.7％，外加青绿多汁料不限量饲喂。

⑤生长肥育猪：后备鸡粪 27％、新鲜马铃薯（切碎煮熟）70％，糖蜜 3％（或脂肪粉 2％）。

⑥幼猪：后备鸡粪 22.4％、新鲜木薯根 74.6％（切碎），外加糖蜜 3％或脂肪粉 2％，青绿饲料随意采食。

⑦按山东农业科学院畜牧研究所试验，在饲料中添加干啤酒糟 10.15％，试验 1、2 组饲料价格可分别降低 0.44 元和 0.46 元，每头肥育猪节省饲料费 25 元。各类酒糟（以干物质计）也可按 10％～15％添加到配合饲料中。

⑧木薯喂猪：木薯是一种营养比较全面、产量较高的能量饲料，单产潜力高达 90 吨/千米^2，是玉米的 4 倍，其价格仅为玉米的 2/3，代替玉米可降低 30％的饲料成本。

利用木薯喂猪,除应注意补加蛋白质饲料以平衡饲粮外,还需注意氢氰酸的毒性问题。木薯中含有亚麻苦苷及百脉根苷两种氰苷有毒物质,亚麻苦苷在与其共存的亚麻苦苷酶作用下,水解释放出氢氰酸。木薯叶经晒干和青贮发酵后其氢氰酸含量都会降低,不会发生中毒。

猪饲料中木薯块茎的用量可占干物质的 20%～40%,在营养平衡的条件下可代替 30% 的玉米,并添加适量的蛋氨酸和赖氨酸。木薯渣在育成猪阶段加 2%,中猪和大猪阶段添加 6% 时增重、饲料转化率和经济效益最佳。

⑨青贮柑橘渣喂生长肥育猪:青贮柑橘渣 75.9%,小麦麸 15%,酒糟 8%,添加剂 1.1%。

⑩干苹果渣喂猪:在基础饲料中加入 4% 的青贮干苹果渣,代替1.5% 的柠檬酸,两者饲喂效果无差异;在生长猪饲料中加入 5%、10% 干苹果渣效果较好;在肥育猪饲粮中加入 10%～25%;在母猪饲粮中加入干苹果渣后,不仅缓解了便秘,产后无乳综合征也明显减少;断奶后发情间隔时间明显缩短。在空怀、妊娠母猪饲料中宜添加10%～15%,在哺乳母猪中宜添加 6%～10%。

⑪利用硫酸亚铁去毒棉籽饼喂生长肥育猪:用 15% 去毒棉籽饼加赖氨酸效果最好。硫酸亚铁的用量可按棉酚含量的 5 倍计算。

前期(体重 20～65 千克):玉米 67%、棉籽饼 15%、小麦麸 8%、草粉 8%、贝壳粉 0.75%、骨粉 0.75%、食盐 0.5%、赖氨酸 0.2%。

后期(体重 65～90 千克):玉米 61%、棉籽饼 15%、小麦麸 8%、草粉 14%、贝壳粉 0.5%、骨粉 0.5%、赖氨酸 0.15%。

由于脱毒棉籽饼仍有少量残余棉酚,因此不能喂种公、母猪。

⑫用脱毒菜籽饼代替鱼粉＋豆粕喂猪:在日粮中加入 27.5% 生物发酵脱毒菜籽饼喂猪,无中毒症状。其日增重、料重比和胴体瘦肉率与鱼粉＋豆粕的对照组差异不显著。

用双低菜籽饼(低芥酸和低硫代葡萄糖苷)喂猪也未出现中毒现象,体重 60 千克的猪饲料中用量可占到 20%～22%。

⑬松针粉含粗蛋白质 6.69%,粗脂肪 9.8%,粗纤维 29.56%,无氮浸出物 37.06%,粗灰分 2.86%。每千克松针粉含胡萝卜素 88.76 毫克,硫胺素 3.8 毫克,核黄素 17.2 毫克,维生素 C 541 毫克,并含有 17 种氨基酸和丰富的矿物质元素,尤其含硒量每千克高达 3.6 毫克,有利于猪体保健和提高肉品质量。

松针叶经过脱叶、浸泡、切碎、烘干、粉碎、装袋共 6 道工序。未经过浸泡的松针粉不能用作饲料。松针经浸泡 48~72 小时,主要营养成分没损失,而粗脂肪大幅下降,又消除了松节油的异物,改善了适口性。

提倡省粮省钱高效养猪,绝不是回到有啥喂啥的落后饲养方式,而是充分利用饲料资源,合理搭配,营养均衡,以促进猪群的生长发育。例如,在适宜的环境条件下,优良杂种猪要达到日增重 700 克左右,料重比 3:1 左右。日粮营养水平要求消化能 13 兆焦/千克以上,粗蛋白质应达 16% 以上,赖氨酸达到 0.8%,其他营养物质充分。

五、生态循环高效养猪新技术

本着"有限资源,循环利用,物尽其用,开源节流"的原则,全面开展生态养猪。

(一)食物链紧密结合生态养猪

1. 猪与青饲料共生互相促进类型 青岛市城阳区农村,夏季可见到猪圈顶上生长着茂盛的水葫芦,这是因为猪粪为水葫芦提供肥料,而猪群经常吃水葫芦,促进了健康,又节省了饲料。

2. 猪鸡主体养殖类型 我国南方和东南亚各国养鸡笼放在猪圈上方,就是一个完整联养,鸡—猪—鱼—肥一条线。在猪圈上方 1.5 米的高处建造产蛋鸡鸡笼,从而节省了建鸡舍的费用。每 5~6 只鸡为 1 头猪服务。鸡排泄物落地后,猪在几秒钟内抢食干净,猪粪又冲入鱼塘,形成封闭的无污染的循环,可节约饲料 1/4~1/3。前提是绝对没有疫病流行的地区。

3. 猪—沼气—沼气发电，综合利用类型

【**案 例**】 创办于 1975 年的广东省四会市下布猪场，年产 12 000
头肉猪，种植水果 14 公顷，鱼塘 1.2 公顷，采取"养猪—沼气—种植
（养鱼）业"结合，以大兴沼气为纽带，农牧结合，彻底解决了全场职工
的生活能源问题，保护了山林、改善了生态环境，又有利于防疫工作。
利用沼气发电，沼液养鱼、种果、种西洋菜，合计收入 1 年就可节支 9
万元，创下农牧结合的先进典型，至今已有 74 个国家和地区的专家
到场参观考察。1991 年 8 月利用 75 千瓦沼气、柴油双燃料发电机
成功发电，实现了全场饲料加工和生活用电基本自给。不仅降低了
生产成本，还提高了仔猪成活率。

生态养殖系统示意见图 6-1。

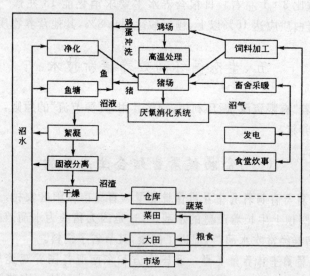

图 6-1 生态养殖系统示意

4. 猪—鱼—肥类型 辽宁省大洼县西安养殖场，饲养母猪 200

余头,年产仔猪 3 500 余头,肥育猪 1 500 余头。同时,饲养一部分家禽,晚春、夏季和早秋 3 个时期,将猪粪尿用清水冲入鱼塘(有 900 余吨),可滋养 2.6 公顷鱼虾混养塘;水面还放养水葫芦、绿萍用于喂猪,可节省饲料 200 余吨。在没有任何其他饵料的情况下,达到每公顷产鲜鱼 30 吨的高水平;从鱼塘排出的水灌溉水稻,水稻增产 11.86%;实现了高产、优质、高效、安全生产。

5. 猪—沼气—大棚蔬菜类型 山东省泰安市东平县梯门乡创造了猪—沼气—蔬菜三位一体的生态种养殖类型。

进入蔬菜大棚首先看到的是一个长方形的猪圈,每圈可饲养肥育猪 6~8 头;猪圈侧下方是一个沼气池,沼气为猪群和蔬菜提供温暖的环境;猪吃蔬菜的下脚料,并为蔬菜(特别是黄瓜等作物)提供二氧化碳气肥。大棚上方覆以草苫,冬防寒,夏防暑。沼气还为烧水做饭提供了能源。

6. 猪—沼气—湿地—鱼塘类型 浙江灯塔种猪场以"猪—沼气—湿地—鱼塘"生态综合治污,被列入农业部农村小型能源建设项目单位,被浙江省环境保护局列为"畜禽规模养殖场污染综合治理示范单位"。

各地有很多成功的生态养猪模式,在此不一一列举。

(二)适度发展放养

养猪生产经历了从散养到圈养,从传统养猪向集约化、工厂化的过渡,对增加产肉量与均衡供应市场都起到了良好作用。但是,一些消费者,特别是不少欧洲人,不愿意购买以高度集约化生产的产品,而青睐自然畜产品,加上劳动力成本的提高和饲料价格上涨等因素,放养作为生态农业的一环,又重新受到重视,并得到迅速发展。另外,猪群由于长期圈养,导致抵抗力和免疫力下降,需要把猪放到广阔的田地里恢复其本来的适应力。

放养的优点:投资费用低,经济风险小;周转快,利润高(比一般养猪高 3 倍以上);省工省力;猪舍在野外,空气新鲜;猪群逍遥运动,体质健康,生病少;肉质好,市场价格明显高于圈养猪;有利于消灭农田和森林中的害虫;有利于增加土壤肥力。

1. 田园放猪　英国北部一位养猪企业家罗杰创办了田园放猪。罗杰的猪完全找到了回归自然的感觉,在河边喝水,在地里寻找食物,吃饱喝足之后,就在田间散步,活动筋骨,呼吸新鲜空气。罗杰说,实际上放养的猪肉品质比较好,关键是降低了养殖成本。他养的猪是清一色的约克夏猪,自繁自养。从小猪养到肉猪上市,需要半年左右的时间。利用田园放猪,省工省力、肥田,而且猪长得也好。

在我国广大田野上,经常可以看到放养的猪群,实际上也是田园放猪的一种形式,同时也是节约养猪和生态养猪的一种形式。

2. 丹麦、英国的户外养猪　户外养猪是在一定范围内放养,比起以上几种方法来,消耗饲料较多,但节省人工,低廉的建筑费、维修费以及太阳能资源的利用足以弥补饲料消耗增多带来的费用,加之户外养猪投资回收快,资金周转畅通,促进了户外养猪的兴起。

通常是以母猪为单位,在空地上建筑可移动的猪棚,以木板、秸秆等廉价农副产品及帆布等为建筑材料,棚内垫沙土及碎草,保持干燥。

将场地划分若干个 50 米×50 米的小区,在场地中央建筑一顶帐篷式保温室;场地四周栽树;各小区内用帆布和秸秆搭建猪棚,冬季广铺厚垫草;母猪棚容纳 1 头母猪,仔猪有专门保温棚。

户外养猪需设置脉冲式电围栏、自动食槽和自动饮水器。

3. 放牧饲养　放牧可以降低养猪成本,又能增进猪群健康,并能使肉质优化。猪群小时混合放牧,猪群大时分群放牧。一般种公猪是单个驱赶放牧。放牧地点可选择森林、湖畔、草原,有杂草丛生、昆虫繁多之地。

5. 放野饲养　选择地势高、排水便利、有充足清洁水源、有茂密的森林和杂草丛生的地方,将母猪、仔猪及生长猪放到山林中,不加围栏,全开放饲养。只要给予能避雨水的住所就可以。主要依靠猪的自由觅食野生的植物茎叶、种子、昆虫、虫卵,生长速度稍慢,但饲养成本非常低。

这种方式,南方可四季放养,北方在春、夏、秋3季放养。

(三)放养注意事项

我国各地气候和场地条件千差万别,放养要因地制宜,不要一刀切;放养可增加猪的抗病力,但仍有患传染病的可能,因此,要在当地畜牧兽医部门指导下,按防疫程序进行免疫,要选择当地品种或经驯化已适应当地条件的引入品种,因为它们适应野外能力强;户外养猪一般采用春、秋两季分娩。

六、猪日粮配制的原则

在保证营养需要的前提下,尽量选择当地最经济、来源广的饲料资源。随季节、饮料来源和价格的变化及时调整配方,保证饲料的充分供应,减少运输,降低成本。

根据猪的品种、类别、日龄、体重、生产要求、健康状况、气候环境,以饲养标准为依据,调整能量浓度、蛋白质水平,通过实践不断改进完善。

要有一个切合本场的饲料营养成分表。饲料营养成分随品种、地区、土壤、收获季节有所差异。在没有全面分析之前可参考有关的分析表,首选本省、本地区的分析表,没有地方性的可采用全国综合评定的分析表,照搬外地饲料营养成分表配制的结果会有较大的偏差。

力求饲料多样化,利用必需氨基酸的互补作用,提高饲料的利用率。

配方基本平衡。补充必需氨基酸、矿物质、维生素等不足部分。

考虑饲料营养含量的同时要考虑消化率、适口性。

注意营养浓度和饲料体积的关系,青粗适当搭配。仔猪胃肠容积小,营养水平要求高,大猪尤其繁殖母猪营养不能过高。

对有毒的饲料,如棉仁饼、菜籽饼要去毒后限量饲喂;酒糟等要控制喂量。

不同的添加剂要根据猪的类别、生长阶段添加,不能一概而论。例如,酶制剂、维生素、保健剂、诱食剂、有机酸之类,仔猪、幼猪适当补充,成猪可以不加;哺乳母猪要补充钙、磷,麦饭石、沸石酌情补充。

使用微量添加剂一定要准确称量。预混后再均匀混合,以免混合不均匀造成缺乏,甚至中毒。

应该注意的是,要警惕假冒伪劣产品,千万别贪图个人小惠、吃回扣、买幸运奖的货品。

七、猪的饲养标准

猪的饲养标准是提高养猪生产的重要技术手段,畜牧业发达国家都制定了适应本国的猪饲养标准,而且根据国情和猪的实际生产不断地修改和完善。我国于 1978 年制定了试行标准,1980 年参考美国 NRC 制定了我国猪的饲养暂行规定。1983 年我国正式制定了肉脂型猪饲养标准。1987 年国家标准局发布了瘦肉型生长肥育猪饲养标准 GB 8471—87。农业部又于 2004 年 8 月 25 日发布了中华人民共和国农业行业标准 NY/T 65—2004。

由于我国猪的经济类型、品种、饲养方式、饲料种类、气候环境、经济状况复杂,因此,各省、自治区、直辖市以及大中型养猪企业都可参考 NY/T 65—2004 制定适合自己的饲养标准。

饲养标准的应用原则如下:饲养标准是饲料配方的科学依据;对饲养标准要灵活运用,不可照搬。

由于养猪科技的发展,在实际应用中大中型养猪企业因青粗饲料价格昂贵,而采用国外限食的方法。但农村不能照搬硬套,如有大量廉价的青粗农副产品弃而不用,是非常可惜的。

对空怀和妊娠前期母猪无论小群试验和生产实践都证明,妊娠后期(84 天以后)、泌乳期提供高营养水平,仔猪、后备猪前期要高营养水平,后备母猪后期要低水平保持八成膘即可。

商品猪不同的杂交组合,不同的瘦肉率,采用不同的营养水平,引入品种间的杂种猪用高营养水平,引入品种猪与本地猪的杂种猪用较低营养水平。

八、猪饲料的配制

(一)饲料配制的基本原则

一是营养要全面;二是能量浓度适宜;三是粗纤维含量适宜;四是因品种、年龄、性别和生产阶段配制不同的饲料;五是因地制宜选择饲料,就地取材,降低成本。

(二)饲养标准

饲养标准包括两方面:一是日粮标准,规定每头猪每日要喂风干饲料(青饲料折合风干料)中需含能量、粗蛋白质、矿物质和维生素;二是饲粮标准,规定每千克饲料中需含能量、粗蛋白质、矿物质和维生素。

猪饲养标准 NY/T 65—2004,包括瘦肉型猪饲养标准、肉脂型猪饲养标准。肉脂型标准又分为一型标准、二型标准和三型标准。一型标准,瘦肉率 52%±1.5%,达 90 千克体重时间 175 天左右;二型标准,瘦肉率 49%左右,达 90 千克体重时间 185 天左右;三型标准,瘦肉率 46%左右,达 90 千克体重时间 200 天左右。

(三)配制饲料注意事项

严把原料质量关,所选原料要求营养含量正常、水分含量 14%以下、不发霉变质、没有虫蛀、杂质少,不同选料分类保管,标识清楚,防止混杂;计量准确,误差在允许范围内;混合均匀;子实饲料粉碎后放置时间不可过长,一般不超过 7 天,饲料配好后,要及时使用,以防变质或活性营养成分失效;饲料保存场所要干燥、凉爽、无鼠害。

九、应用粗纤维的新技术

猪属于单胃动物,在肠道的前段不分泌消化纤维的酶类,所以纤维含量过高会影响其他营养成分的消化吸收。猪的大肠微生物能产生纤维素酶是纤维消化分解的重要场所。由于不同的饲料原料纤维成分组成不同,消化率也不一样。

国内外学者在研究猪营养方面一个新的趋势,就是开始注重纤维的摄入。

(一)妊娠母猪日粮中纤维含量

我国地方猪种,妊娠母猪能够很好地利用高纤维、低能量日粮。近年来,美国学者也提出了妊娠母猪每天应采食 350～400 克中性洗涤纤维的建议。

繁殖母猪的大肠发酵能力已完善,对于富含纤维的饲料成分消化率提高,代谢能提高。生产中可通过使用高纤维日粮来降低饲料成本,提高母猪繁殖性能。

为了控制妊娠期母猪过肥,大多要进行限制饲养,而通过提高日粮纤维水平则可减轻限饲程度或不限饲。

实践证实,饲喂高纤维日粮的母猪比对照组的母猪窝产仔数和窝断奶仔数更多,较少出现啃栏、空嚼和过量饮水等恶癖;粪便干爽易清理,母猪膘情控制得当,加上粗纤维食糜对消化道适宜的刺激,提高了哺乳母猪的采食量。邵彩梅建议在妊娠母猪日粮中多用麸皮、优质酒糟、优质米糠和苜蓿草粉等优质粗饲料。在妊娠母猪日粮中添加 4%～8% 的苜蓿草粉后,减少了消化道疾病,膘情适度,毛色光顺,精神状态好,繁殖性能得到改善。

（二）乳糖加纤维防止仔猪腹泻

乳糖是仔猪开食料和断奶日粮的重要组成部分，已成常规。但在仔猪开食料中添加纤维则是新奇的，因为仔猪体内缺乏分解纤维的消化酶。添加纤维（来源于甜菜渣和半纤维素）完整地通过上消化道，而进入后消化道被发酵。同时，纤维携带乳糖一起通过上消化道，如此乳糖的分解减慢，在上消化道没有被完全利用，而是在后消化道与纤维一起被发酵。BillMullen 博士认为，这样做的好处就是它们一起进入大肠，被细菌发酵、产酸，从而降低了肠道内的 pH 值，低的 pH 值本身就是有益的，它可以抑制病原微生物的生长，同时它还可以促进乳酸菌的增殖，乳糖是乳酸菌增质的最适培养基。而随着乳酸菌的增殖，有害微生物如大肠杆菌等会受到抑制。

新型的添加剂完全可以取代抗生素来预防仔猪腹泻。它不包含任何药物，只是由乳糖（从乳清中提取）和可发酵纤维组成的一种配比合理的混合物。其商品名为"Cellulac"（纤维素和乳糖的英文缩写）。它在日粮中的添加量为 10%。Fowled 认为应该尽可能地让仔猪采食含有"Cellulac"的饲料，以预防肠道疾病的发生。理想的添加时间是仔猪开始采食固体饲料的时候。由于饲料中添加了柠檬酸，促进了仔猪的食欲，采食量不会受到影响。但这种饲料必须干饲，当湿喂时，乳糖逐渐与纤维分离，而达不到预期目的。

专家们推测，在母猪产前 1～2 周，也可以考虑在其日粮中添加"Cellulac"。Mullen 解释说，在母猪分娩前较短的一段时间内使用"Cellulac"可以调节母猪肠道内的微生物区系，减少粪便中病原微生物的数量。对新生仔猪来说，出生后的环境则更有利于健康。由于环境中乳酸杆菌数较多，仔猪出生后乳酸杆菌在其肠道内有可能迅速占优势，抑制有害菌的生长，防止腹泻。

马永喜等研究"日粮纤维对仔猪日粮养分消化和代谢的影响"，实验表明，在仔猪日粮中使用 5% 的小麦麸和甜菜渣，并没有观察到养分消化率降低的现象，只是影响了养分在消化道不同部位降解的比例。

（三）阉公猪日粮的纤维供给

生长肥育猪的营养需要应考虑性别、健康和瘦肉生长相关的遗传潜力。由于小母猪和阉公猪的瘦肉与脂肪的沉积模式不同，美国一些学者已倾向于把生长肥育阶段的公、母猪分开饲养。研究表明，母猪通常比阉公猪积累瘦肉多，需要更高的赖氨酸；而在采食方面，阉公猪比母猪消耗更多的饲料和能量。因此，阉公猪日粮中应避免添加大量脂肪。生产中，在阉公猪肥育后期应考虑限制能量的摄入量，或在肥育后期加入一些纤维饲料，以减少脂肪沉积。

在冬季，北方的生长肥育猪和妊娠母猪料中应多用一些纤维含量高的饲料，有效利用微生物和消化代谢产生的热量来维持体温。夏季，则应适当减少富含纤维的原料，并尝试添加油脂。

总之，应根据市场行情、原料价格、猪的品种、猪的经济用途以及季节和地域的不同，科学合理并巧妙地调整饲料配方，适当增减纤维和油脂，以获取最高的饲料报酬。

第七章　　猪病防治新技术

一、开创猪病防控的新局面

树立"养重于防，防重于治，养防治相结合"的观点，开创猪病防控新局面。

保持猪舍温度相对恒定；地面干燥，适度通风换气，让猪群在舒适和谐的安乐窝中生存，因为舒适温馨的环境是最好的预防。严把饲料质量关，防止饲料发霉变质。

千方百计增强猪的体质。

让仔猪吃足吃好初乳，营养平衡。饲料中酌加青粗饲料和中草药，提高猪的免疫力。营养充足均衡的优质饲料是最好的兽药。

适当增加猪的活动量，以促其健康。

减少应激刺激，杜绝噪声和人为干扰。

提高消毒质量，确保疫苗质量，按程序免疫，防止过度免疫、盲目免疫。

严禁强力驱赶、鞭打猪只，强化人文养猪、亲和养猪。

加强饲养员的培训，因为优秀的饲养员才是最好的兽医。

二、猪场总体防疫制度

(一)猪场建设的防疫要求

猪场场址应选择地势高燥、背风向阳，水源充足、水质良好，排水方便，无污染，排废方便，供电和交通方便的地方。远离铁路、公路、城镇、居民区和公共场所 500 米以上。远离屠宰场、畜产品加工厂、垃圾及污水处理场所、风景旅游区 2 000 米以上。周围筑有围墙或防疫沟，并建立绿化带。

　　猪场要做到生产区与生活区、行政区严格分开，并保持一定距离。

　　猪场大门人口处要设置宽同大门、长等于进场大型机动车车轮 1.5 米周长的水泥结构的消毒池。

　　生产区门口设有更衣换鞋、消毒室或沐浴室。猪场入口处要设置长 1 米的消毒池，或设置消毒盆以供进入人员消毒。外来车辆不得进入猪场。

　　根据防疫需求可建有消毒室、兽医室、隔离舍、病死猪无害化处理间等，应设在猪场的下风向 50 米处。场内道路布局合理，进料和出粪道严格分开，防止交叉感染。

　　猪场要有专门的堆粪场，粪尿及污水处理设施要符合环境保护要求，防止污染环境。

（二）管理要求和卫生制度

　　1. 场长职责　兽医防疫卫生计划、规划和各部门的防疫卫生岗位责任制；淘汰病猪、疑似传染性病猪和隐性感染猪及无饲养价值的猪只。

　　2. 兽医技术人员职责　防疫、消毒、检疫、驱虫工作计划；配合畜牧技术人员加强猪群的饲养管理、生产性能及生理健康监测；有条件的场应开展主要传染病的免疫监测工作；定期检查饮水卫生及饲料的加工、贮运是否符合卫生防疫要求；定期检查猪舍、用具、隔离舍、粪尿处理和猪场环境卫生和消毒情况；负责防疫、病猪诊治、淘汰、死猪剖检及其无害处理；建立疫苗领用、保管、免疫注射、消毒、检疫、抗体监测、疾病治疗、淘汰、剖检等各种业务档案。

　　3. 卫生制度

　　①猪场要建立有一定诊断和治疗条件的兽医室，建立健全免疫接种、诊断和病理剖检记录。

②要坚持自繁自养的原则,必须引进种猪时,在引进猪只前调查产地是否为非疫区,并有产地检疫证明。引入后隔离饲养至少30天,在此期间进行观察、检疫,确认为健康猪方可并群饲养。及时注射猪瘟疫苗。

③猪场严禁饲养禽、犬、猫及其他动物,猪场食堂不得外购猪肉。

④外来参观者沐浴后,更换场区工作服和工作鞋,并遵守场内一切防疫制度。

⑤场内不准带入可能染疫的畜产品或其他物品。场内兽医人员不准对外诊疗猪及其他动物的疾病。猪场配种人员不准对外开展猪的配种工作。

⑥猪场的每个消毒池都要经常更换消毒药液,并保持其有效浓度。

⑦生产人员进入生产区时,应洗手,穿工作服和胶靴,戴工作帽,或沐浴后更换衣鞋。工作服应保持清洁,定期消毒。饲养员严禁相互串栋。

⑧禁止饲喂不清洁、发霉变质的饲料。不得使用未经无害化处理的泔水以及其他畜禽副产品。

⑨每天坚持打扫猪舍卫生,保持料槽、水槽、用具干净,地面清洁,舍内要定期进行消毒,每月1～2次。猪舍转群时要进行消毒。

⑩猪场内的道路和环境要保持清洁卫生,因地制宜地选用高效低毒、广谱的消毒药品,定期进行消毒。

⑪每批猪只调出后,猪舍要严格进行清扫、冲洗和消毒,并空圈5～7天。猪群周转执行"全进全出"制。

⑫产房要严格消毒,有条件的可进行消毒效果检测,母猪进入产房前进行体表清洗和消毒,母猪用0.1%高锰酸钾溶液对外阴和乳房清洗消毒。仔猪断脐带要严格消毒。

⑬定期驱除猪的体内、外寄生虫。搞好灭鼠、灭蚊蝇和吸血昆虫等工作。

⑭饲养员认真执行饲养管理制度,细致观察饲料有无变质,注意观察猪采食和健康状态、排粪有无异常等,发现不正常现象,及时向

兽医报告。

⑮猪只及其产品出场,应由猪场提供疫病监测和免疫证明。

⑯根据本地区疫病发生的种类,确定免疫接种的内容、方法和适宜的免疫程序,制定综合防治方案和常用驱虫药物。

（三）扑灭疫情

猪场发生传染病或疑似传染性时,应采取以下措施:

①兽医应及时进行诊断,调查疫源,向当地防疫机构报告疫情,根据疫病种类做好封锁、隔离、消毒、紧急防疫、治疗和淘汰等工作,做到早发现、早确诊、早处理,把疫情控制在最小范围内。

②发生人兽共患病时,须同时报告卫生部门,共同采取扑灭措施。

③在最后1头病猪死亡淘汰或痊愈后,须经该传染病最长潜伏期的观察,不再出现新病例时,并经严格消毒后,方可撤销或申请解除封锁。封锁期间严禁出售、加工染疫病死和检疫不合格的猪只及产品,染疫病死的猪只按国家防疫规定的办法处理。

三、主要传染病免疫程序

各地养猪场应根据当地传染病发生病种及规律选用以下免疫种类及程序。

（一）猪　瘟

种公猪:每年春、秋季用猪瘟兔化弱毒疫苗各免疫接种1次,肌内注射1毫升。

种母猪:于产前30天免疫接种1次;或春、秋两季各免疫接种1次,肌内注射1毫升。

仔猪:20～30日龄、65～70日龄各免疫接种1次;或仔猪出生后未吃初乳前立即用猪瘟兔化弱毒疫苗免疫接种 1 次,肌内注射 1 毫升。

后备种猪:产前 1 个月免疫接种 1 次;选留作种用时立即免疫接种 1 次,肌内注射 1 毫升。

(二)猪丹毒、猪肺疫

种猪:春、秋两季分别用猪丹毒和猪肺疫菌苗各免疫接种 1 次,肌内注射 1 毫升。

仔猪:断奶后合群(或上网)时分别用猪丹毒和猪肺疫菌苗免疫接种 1 次;70 日龄分别用猪丹毒和猪肺疫菌苗免疫接种 1 次,肌内注射 1 毫升。

(三)仔猪副伤寒

仔猪断奶后合群时(33~35 日龄)口服或注射 1 头份仔猪副伤寒菌苗。

(四)仔猪大肠杆菌病(黄痢)

妊娠母猪于产前 40~42 天和 15~20 天分别用大肠杆菌腹泻三价灭活菌苗(K88、K99、987P)免疫接种 1 次,后海穴注射 1 头份。

(五)仔猪红痢病

妊娠母猪于产前 30 天和产前 15 天,分别用红痢灭活菌苗免疫接种 1 次,肌内注射 3~5 毫升。

(六)猪细小病毒病

种公猪、种母猪:每年用猪细小病毒疫苗免疫接种 1 次,肌内注射 2 毫升。

后备公猪、母猪:配种前1个月免疫接种1次,肌内注射2毫升。

(七)猪气喘病(猪支原体肺炎)

种猪:成年猪每年用猪气喘病弱毒菌苗免疫接种1次(右侧胸腔内),猪支原体肺炎苗(辉瑞)2毫升。

仔猪:7~15日龄免疫接种1次。猪三联苗或四联苗(萎鼻、气喘病、巴氏和嗜血杆菌病),三联苗1毫升,四联苗2毫升。

后备种猪:配种前再免疫接种1次。同上。

(八)猪乙型脑炎

种猪、后备母猪在蚊蝇季节到来前(4~5月份)用乙型脑炎弱毒疫苗免疫接种1次,肌内注射1毫升。

(九)猪传染性萎缩性鼻炎

妊娠母猪:在产仔前1个月于颈部皮下注射1次传染性萎缩性鼻炎灭活苗,2毫升。

仔猪:70日龄注射1次。三联苗1毫升,四联苗2毫升。

(十)猪伪狂犬病

猪伪狂犬病弱毒疫苗用PBS(磷酸缓冲盐溶液)稀释成每头1毫升。乳猪肌内注射0.5毫升,断奶后再注射1毫升。3月龄以上猪只肌内注射1毫升。妊娠母猪及成年猪肌内注射2毫升。

(十一)蓝耳病(猪繁殖与呼吸综合征)

后备母猪:阴性,猪蓝耳病灭活菌(华中农大)3毫升;或猪蓝耳病油乳剂灭活菌(哈尔滨兽医研究所)4毫升。阳性,猪蓝耳病灭活菌(上海奉贤)1头份。

后备公猪:同后备母猪。

仔猪、保育猪:10日龄,阳性,猪蓝耳病弱毒苗(上海奉贤)0.5头份,20日龄二免1头份。

经产母猪:阴性,同后备猪。产前1个月免疫1次;产后6天和配种后60天各1次,同后备猪,猪蓝耳病弱毒苗。

繁殖公猪:阴性,猪蓝耳病油乳剂灭活菌(华中农大)每年11月初第二次注苗。

阳性,猪蓝耳病油乳剂灭活菌(哈尔滨兽医研究所)每一季度注苗1次,全年4次。

四、寄生虫控制程序

(一)药物选择

应选择高效、安全、广谱的抗寄生虫药。

(二)常见蠕虫和外寄生虫的控制程序

①首次执行寄生虫控制程序的猪场,应首先对全场猪进行彻底的驱虫。②对妊娠母猪于产前1~4周用1次抗寄生虫药。③对公猪每年至少用药2次,但对外寄生虫感染严重的猪场,每年应用药4~6次。④所有仔猪在转群时用药1次。⑤后备母猪在配种前用药1次。⑥新进的猪驱虫2次(每次间隔10~14天)后,并隔离饲养至少30天才能和其他猪并群。首选药物有伊维菌素、爱比菌素。伊维菌素,皮下注射0.3毫克/千克,通常用药1次,必要时间隔7~9天重复1次;爱比菌素0.02毫升/千克,拌入饲料200克/吨。

五、病毒性疾病的防制

(一)猪瘟防制的基本经验

猪瘟仍然是制约养猪业发展的烈性传染病,分为最急性型、急性型、亚急性型和温和型4个类型,均会出现全身性病变。

疫苗免疫效果受疫苗的抗原量、真空度、低温运输与冷藏贮存、免疫程序、免疫剂量、接种操作等方面的影响。

要使用猪瘟兔化弱毒单苗,由于"猪瘟—猪丹毒—猪肺疫三联菌"已无法提供对猪瘟的预防。因三联苗的"吐温-80"成分能干扰猪瘟疫苗的免疫,降低其免疫效果。目前,猪丹毒很少发生,猪肺疫多为A型,三联菌主要防B型,已不对症。另外,对仔猪多采用25～35日龄及60～65日龄2次免疫防猪瘟。如怀疑有猪肺疫的猪场,可用猪巴氏杆菌苗A型及B型(E0630)单苗联用,且在猪瘟单苗隔7天后使用。

防疫用具,如注射器和针头需洗净,煮沸消毒15分钟以上,1头猪1个针头。吸疫苗前,先除去封口的胶蜡,并用70%酒精棉球消毒。注苗15分钟内,要认真观察,如发生过敏反应,要及时用肾上腺素或地塞米松抢救。不要同时使用2种或2种以上病毒活疫苗,防止免疫干扰。

在疫苗接种期间不要使用地塞米松、卡那霉素、四环素、新霉素、磺胺类等免疫抑制药物。注苗前后3天严禁使用利巴韦林等抗病毒药物。

只给健康猪免疫,不给发热、腹泻、呼吸困难或食欲不振的猪免疫,待康复后补苗。

剂量要适量。未断奶或早期断奶仔猪注射4头份,断奶仔猪3～4头份,种公猪和老母猪可注射4～6头份,但不要超过8头份。

要用生理盐水稀释,杜绝使用一般注射用水或白开水。

免疫前要检查疫苗,看是否过期、破损、失真空。

疫苗要低温运输(8℃以下),冷藏(−15℃)保存。

要注意温度平衡。从冷柜取出来的疫苗温度在−15℃,要在数小时前放在2℃~8℃的冷藏室内平衡一下。生理盐水也是一样。

要按计划稀释,稀释好的疫苗要立即使用,尽快用完。

要根据本场实际情况,制定切实可行的免疫程序,严格执行。

(二)猪繁殖与呼吸综合征防控技术

猪繁殖与呼吸综合征俗称"猪蓝耳病",是由猪繁殖与呼吸综合征病毒(PRRSV)引起的一种严重危害养猪业的病毒性传染病,其临床症状主要为妊娠母猪早产、流产、产弱仔和木乃伊胎,以及各阶段生长猪的呼吸道疾病,给养猪业造成了巨大的经济损失,成为影响养猪生产的重要疫病之一。20世纪90年代我国报道了该病的发生,随后迅速传播至全国各地,引起规模化猪场的"流产风暴"和仔猪呼吸道疾病。2006年我国出现高致病性PRRSV毒株的流行,引起猪繁殖与呼吸综合征的暴发和广泛流行,对我国养猪业造成了难以估量的经济损失。

1. 流行现状特点 目前,猪繁殖与呼吸综合征已成为危害我国养猪生产的第一大病毒性疫病。高致病性猪繁殖与呼吸综合征病毒仍是优势流行毒株。本病主要是PRRSV侵犯呼吸系统,并在肺泡的巨噬细胞和单核细胞中大量增殖,破坏肺组织,导致病猪出现呼吸困难和机体缺氧的全身症状。不同阶段的病猪该病症状也不同。

本病发病急,体温41℃以上,病猪体质极其虚弱,呈现哮喘式张口呼吸,四肢外展,眼睛红肿突出,呈结膜炎样,流鼻液。肌肉震颤,被毛粗乱,呈脱水样,后躯麻痹常在产后48小时内死亡,死亡率100%。

断奶仔猪和青年猪患病表现:以呼吸道症状为主,出现咳嗽、呼吸困难、腹式呼吸,有的呈气喘症状。有的在腹下、背部、耳尖等处有暗红色或蓝紫色斑点。有些病猪出现腹泻或关节炎。耐过猪成为僵猪,生长迟滞。

公猪患病表现:精神沉郁、食欲不振、嗜睡、体温升高、性欲下降、精液品质低下。

母猪患病表现:感染后症状严重,病情反复,出现体温升高达41℃以上、食欲不振、呼吸困难、嗜睡等症状。多在妊娠晚期(90天)后出现早产、死胎、弱胎和木乃伊胎;死胎常有水肿、自溶现象,皮肤呈棕褐色。病母猪乳汁减少;少数病猪在耳尖、腹下、外阴、尾尖及口鼻等处皮肤发绀。

目前流行的高致病性蓝耳病,则出现大中型猪发病严重,死亡率高,猪群皮肤发红,体温高达42℃,精神高度沉郁,嗜睡,呼吸极度困难,咳嗽明显,个别病猪流少量黏鼻液。

2. 防控中存在的偏差

第一,不重视场区环境卫生的综合治理,过分依赖疫苗。目前,市场上有多种(多个毒株)减毒活疫苗,生产企业众多,猪场滥用和盲目使用活疫苗以及同一猪场使用 2 种(不同毒株)以上的活疫苗现象较为普遍。另外,减毒活疫苗的强制使用、猪场活疫苗的普遍免疫和高频度免疫,均反映出我国猪场过度使用猪繁殖与呼吸综合征减毒活疫苗。其后果无疑将加剧 PRRSV 的变异、疫苗毒株的毒力返强、疫苗毒株间的重组以及疫苗毒株与野毒株间的重组,导致 PRRSV 新毒株层出不穷。我国有可能还会出现新的流行毒株。

第二,有的活疫苗安全性存在问题。近几年,我国使用的一些减毒活疫苗会直接导致免疫猪群发病,对妊娠母猪有致病性,可致免疫母猪流产,引起免疫猪群继发性细菌感染疾病(如副猪嗜血杆菌病、传染性胸膜肺炎)的发病率上升。

第三,缺乏对猪群 PRRSV 感染的监测与评估,导致很多猪场盲目使用活疫苗。

3. 防制　加强猪场管理,建立安全防疫体系。严抓种源,自繁自养。

（三）口蹄疫（FMD）的防制经验

本病是由口蹄疫病毒引起偶蹄动物共患的急性、热性、接触性传染病。猪感染后，以鼻镜、唇边、蹄部、母猪乳头出现明显水疱、蹄痛、跛行为特征。哺乳仔猪患病后，常见瘫软卧地不能哺乳而急性死亡。本病广泛分布于世界各地，是国家间相互传播流行的世界性传染病，传染性极强，不易控制和消灭，对养猪业生产造成极大经济损失。

1. 应急措施　一旦发现疫情，应立即采取封锁、隔离、检疫、消毒、毁尸等措施，及时消灭疫点，并向上级机关通报疫情。对动物进行预防接种，我国防制口蹄疫总结出一套有效的办法和经验，发现口蹄疫后，应向当地政府和行政主管部门上报疫情，并立即组织党政干部、卫生防疫、公安和兽医人员组成防疫队，深入疫区和受威胁区，按"早、快、严、小"的原则，采取行政和技术相结合的综合措施，打突击战和歼灭战，及时严格封锁，组织民兵站岗，严禁疫区动物及产品运出，对封锁区内的疫猪和同群猪应隔离急宰，并进行无害化处理后方可利用。对被污染的猪舍和场所、用具应彻底消毒，对受威胁区所有易感动物用疫苗进行紧急预防接种，建立一个防疫带。待最后 1 头病猪处理后 14 天，经认真消毒后，方可解除封锁。

2. 提高猪群免疫能力　鉴于目前饲料中霉菌毒素危害严重，猪主动免疫功能受到不同程度的抑制，导致免疫应答功能下降，猪群的抗体水平无法得到有效提升，应在饲料中添加霉菌毒素处理剂，并适当使用"抗疫键"等免疫增强剂，以便活化细胞，激发机体主动免疫的积极性，有效提高免疫效果。

（1）紧急接种　猪场发生 FMD，病猪舍是疫点，猪场是疫区。无论是疫点还是疫区的未发病猪均是紧急接种的现象。紧急接种都有促使疫病扩大的风险，但同时它又能促使全群发病趋于同步化，对尽快结束疫情有重大意义。

（2）疫苗的应用　政府批准用于 FMD 的疫苗有单价或双价灭活油佐剂疫苗、合成肽疫苗、基因工程疫苗。灭活油佐剂疫苗是我国预防 FMD 的主要疫苗,它有 O 型单价灭活油佐剂疫苗、亚洲 1 型单价灭活油佐剂疫苗(以上 2 种为普通苗)、O 型灭活油佐剂浓缩疫苗、O 型与亚洲 1 型双价灭活油佐剂疫苗、A 型灭活油佐剂疫苗。

(3)灭活疫苗

普通苗:免疫安全性好,免疫效力达 90%以上,接种 10 天产生免疫抗体,免疫期可达 9 个月,该疫苗只能保护约 20 个 MID(最小感染量)的野毒感染,因此接种该苗后时有仍然发生 FMD 的事例。

浓缩苗:免疫效力较普通苗提高 10~20 倍,达到 200MID 攻毒全保护。仔猪 40~45 日龄首免 1 毫升/头,100 日龄二免,2 毫升/头;母猪分娩前 1 个月接种 2 毫升/头;种猪每 4 个月免疫 1 次,2 毫升/头。

O 型与亚洲 1 型双价灭活疫苗(牛源性):仔猪 30 日龄首免,间隔 28 天二免,120 日龄三免,2 毫升/头。

农业部目前在其网站上公布《关于做好口蹄疫疫苗质量标准提升工作的通知》:自 2013 年 9 月 1 日起,新生产的口蹄疫灭活疫苗及合成肽疫苗效力检验标准由每头份 3PD50 提高到 6PD50;新生产的口蹄疫灭活疫苗内毒素每头份疫苗不超过 50 国际单位。

(四)猪细小病毒病

本病由细小病毒引起猪的繁殖失能,又称猪繁殖障碍病。其特征为受感染的母猪、特别是初产母猪产出死胎、畸形胎、木乃伊胎或病弱仔猪,偶有流产,但母猪本身无明显症状。

1. 诊断要点 本病是通过胎盘传给胎儿,而感染的母猪可由阴道分泌物、粪便或其他分泌物排毒,污染的猪舍是猪细小病毒的主要贮存所。感染母猪所产死胎、木乃伊或活胎的组织内带有病毒;感染公猪的精液也含有病毒,可通过配种传染给母猪。本病主要发生于初产母猪,呈地方性或散发性流行。本病发生后,猪场可能连续几年不断出现母猪繁殖失能。母猪妊娠早期感染本病毒时,胚胎、胎猪死亡率可达 80%~100%、本病主要临床表现为母猪繁殖失能,感染母猪可重新发情而不分娩,或只产少数仔猪,或者死胎及木乃伊胎。这种情况是由于母猪感染后,造成胚胎死亡或胎儿死亡,这与母猪不同孕期感染有关。在妊娠30～50天感染时,主要是产木乃伊胎,如早期死亡,产出小的黑色枯样木乃伊胎,如晚期死亡,则子宫内有较大木乃伊胎;妊娠50～60天感染时主要产死胎;妊娠70天感染时常出现流产;妊娠70天之后感染,母猪多能正常生产,而产出仔猪有抗体和带毒,有些甚至能成为终身带毒者。如果将这些猪留作种用,很可能此病在猪群中长期存在,难于根除。公猪感染本病毒后,其受精率或性欲没有明显的影响。所以,要特别注意带毒种公猪通过配种传染给母猪。

2. 防治措施　本病尚无有效治疗方法。为了控制本病,主要采取两项措施:

(1)控制带毒猪传入猪场　在引进猪种时应加强检疫,采取其血清应用血凝抑制试验,当HI滴度在1∶256以下或呈阴性时,方可以引进。引进猪须隔离饲养2周,再进行1次血凝抑制试验,证实是阴性者,方可与本场猪混饲。

(2)免疫　种公猪、种母猪,每年用猪细小病毒疫苗免疫接1次;后备公猪、母猪,配种前1个月免疫接种1次。

(五)伪狂犬病

伪狂犬病是由伪狂犬病病毒引起的家畜和多种野生动物的急性传染病。

猪感染后其症状因日龄而异,成年猪仅表现增重减慢等轻微症状。种猪表现不育,公猪发生睾丸肿胀、萎缩等种用性能降低或丧失;母猪则表现返情,屡配不孕;妊娠母猪常表现流产、产死胎和木乃伊胎。仔猪则表现高热、食欲废绝、呼吸困难、流涎、呕吐、腹泻、抑郁震颤、神经症状,继而出现共济失调、间歇性抽搐、昏迷以致衰竭死亡,15日龄以内仔猪死亡率可高达100%。断奶仔猪发病为20%～40%,死亡率为10%～20%。

免疫是此病防止的主要措施。猪伪狂犬病弱毒疫苗用 PBS（磷酸缓冲盐溶液）稀释成每头 1 毫升。

乳猪肌内注射 0.5 毫升，断奶后再注射 1 毫升。

3 月龄以上猪只肌内注射 1 毫升。

妊娠母猪及成年猪肌内注射 2 毫升。

另外，采取全面、不间断的灭鼠活动，严格控制犬、猫、禽类及飞鸟、昆虫进入猪场，严格控制人员来往和消毒措施及血清学监测等。

（六）传染性胃肠炎

猪的传染性胃肠炎，是病毒感染的以腹泻为特征的一种急性高度流行性的传染病。

1. 症状与诊断 本病除猪外，其他动物都无易感性。不同品种和年龄的猪都易感，但 2 月龄内仔猪极易感，并且死亡率极高，母猪、肥猪死亡率低，症状也较轻，多数能康复。病猪和康复后带毒猪是主要传染源，传染形式主要通过消化道和呼吸道感染，多发于冬、春季节天气突然变冷时，常为 12 月份至翌年 3 月份，多呈地方性流行或散发，有时呈大流行性。

本病潜伏期很短一般 12～18 小时，10 日龄以下仔猪往往首先出现呕吐，见于感染后 16～24 小时，接着严重水泻，粪水通常为黄色、淡绿色、有时白色，病猪迅速脱水，体重下降，严重口渴，7 天内死亡，1 周龄以内的仔猪死亡率达 50%～100%。断奶仔猪、成年猪感染后一般先是食欲减退或消失，有的还发生呕吐，但大猪呕吐不是普遍现象，然后有水样腹泻，粪便绿色、淡灰色，有气泡。

体温多数正常或略低于常温，也有少数病例在前驱期体温升至 40.5℃～41.5℃，但是当主要临床症状出现后体温即正常或低于常温。

2. 防治措施 平时加强兽医卫生措施，坚持自繁自养原则。对发病猪群应迅速隔离，严格消毒。因患本病康复后能产生一定免疫力，可利用治愈猪血清预防和治疗仔猪传染性胃肠炎。分娩母猪在产前 20 天人工感染使之发病,则其所产仔猪可获免疫。康复母猪可再作种用。如不再引进新猪则此病往往停息。

治疗可选用下列药物:

(1)特异性治疗 在确诊基础上及早使用抗传染性胃肠炎高免血清,进行肌内注射或皮下注射,对病猪注射 1 毫升/千克体重,同窝未发病仔猪可紧急预防,用量减半。据报道,有人用康复猪的抗凝血口服也有效,新生仔猪每头每天口服 10~20 毫升,连续 3 天,有良好的预防和治疗作用。

(2)对症治疗 包括补液、收敛、止泻等。最重要的是补液和防止酸中毒,可静脉注射 5%糖盐水或 5%碳酸氢钠注射液。也可采用口服补液,处方为:氯化钠 3.5 克,氯化钾 1.5 克,碳酸氢钠 2.5 克,葡萄糖粉 20 克加饮用水 1 000 毫升,给病猪灌服或将配制好的药液倒入清洁水槽内,任病猪自由饮服。经验表明,口服补液使用方便,价格低廉,首先有效地治疗脱水,制止呕吐,对于防止和纠正酸中毒也有良好的作用。此法应大力推广和普及。

还可根据具体情况酌情使用黏膜保护药如淀粉(小麦粉、玉米粉、地瓜粉)等,吸附药如活性炭等,收敛药如鞣酸和鞣酸蛋白等,以及维生素 C、钙制剂等影响营养代谢的药物进行对症治疗。

(3)抗菌药物治疗 抗菌药物虽不能治疗此病,但能有效地防治细菌性疾病、沙门氏菌病、肺炎以及球虫病等,这些病能加重此病病情,是引起死亡的原因之一。常用的肠道抗菌药物有诺氟沙星、磺胺甲唑(新诺明)、庆大霉素、治百炎(奇效线菌素)、恩诺沙星等。

(4)免疫 目前,猪传染性胃肠炎弱毒疫苗,正在试产试用阶段,据初步研究结果表明,该疫苗主要用于妊娠母猪的免疫,仔猪通过乳汁的被动免疫而获得保护,其免疫程序是:母猪在分娩前 40~50 天,肌内接种 1 头份,经 30~35 天后再做鼻内滴注(或后海穴位注射)1 头份。对本病的流行区域或受威胁地区的仔猪,也可进行主动免疫,对任何日龄的哺乳仔猪口服本疫苗 0.5 毫升(或后海穴位注射),5 天后产生免疫力。

没有疫苗的情况下，在此病流行地区的猪场，可采用发病猪的粪便或病死仔猪的肠道内容物，饲喂妊娠母猪，促使同步发病，可使母猪产生坚强的母源抗体，从而使仔猪从初乳中获得被动免疫。

（七）流行性乙型脑炎

1. 症状与诊断　本病又称日本乙型脑炎，简称乙脑，是由乙脑病毒引起的一种人兽共患急性传染病。主要由蚊类等吸血昆虫传播，妊娠母猪感染后表现流产和死胎，公猪发生睾丸炎，肥育猪持续高热，仔猪常呈脑炎症状。

本病可感染多种动物和人，多数呈隐性感染，但无论是隐性或显性，于感染初期均出现短期（3～5天）的病毒血症，成为危险的传染源，特别是猪，因为它的数量多，更新快，总是保持着大量新易感猪，在散播病毒方面作用很大。

乙脑主要通过蚊子（如库蚊、伊蚊、按蚊等）的叮咬传染，蚊子感染乙脑后可以终生带毒，并能在蚊子体内增殖病毒越冬，成为翌年传染源。因此，乙脑有明显的季节性，多发生于夏秋蚊子滋生季节。

2. 防治措施

（1）治疗　本病目前尚无特效的治疗药物，但可根据实际情况进行对症治疗和抗菌药物治疗，能缩短病程和防治继发感染。

脱水疗法：治疗脑水肿、降低颅内压，脱水药物有20%甘露醇、25%山梨醇、10%葡萄糖等。

镇静疗法：对兴奋不安的病猪可用氯丙嗪、乙酰普马嗪等。

退热镇痛疗法：若体温持续升高，可使用安替比林、安乃近等。

抗菌疗法：可试用各种抗生素、磺胺类药物，以防继发感染。

（2）免疫预防　受本病威胁的地区可使用猪乙型脑炎弱毒疫苗，于流行期前1个月即4～5月份，对种猪和后备母猪进行免疫接种，对于防制母猪流产和公猪的睾丸炎有良好的作用。

（3）综合性防疫卫生措施　蚊子是本病的重要传染媒介，因此开展猪场的灭蚊工作是消灭或控制本病的一项根本措施。要经常注意猪场周围的环境卫生,填平坑洼,疏通沟渠,排除积水,消除蚊子的滋生场所。同时,也可使用驱虫药的猪舍内外经常进行喷洒灭蚊。

本病为人和动物的共患传染病,人感染后主要表现为发热、头痛,有时也有消化道症状,但多数人呈隐性感染。蚊子是共同的传播媒介,而动物是病毒的储存宿主,特别是猪可能是乙型脑炎病毒的增幅动物。因此,防治和消灭乙脑是防止人患病的重要措施。在疫区的人应接种乙脑疫苗。

（八）猪圆环病毒病

猪圆环病毒病(PCV-2)是20世纪90年代新发现的疫病,可引起多种疫病。PCV-2及其相关的猪病,死亡率为10%～30%不等,较严重的猪场在暴发本病时死淘率高达40%,给养猪业造成严重的经济损失。现已被世界各国的兽医与养猪业者公认为是继猪繁殖与呼吸综合征(PRRS)之后新发现的引起猪免疫障碍的重要传染病,与猪繁殖与呼吸综合征有协同性。

猪圆环病毒有2个血清型,1型(PCV-1)没有致病性。

1. 流行病学 PCV-2主要易感动物是猪,不同年龄、性别的猪都可以感染PCV-2,但它们的临床症状不尽相同。病猪和带毒猪是本病主要的传染源。该病毒可以通过水平传播和垂直传播感染猪群,病猪或带毒猪可以通过分泌物、粪便将病毒排到体外而污染饲料、水和周围的环境,造成病毒在猪群中的蔓延和扩散。在疫病感染流行过程中发病率和死亡率都较低,急性发病猪群中的死亡率可达10%,在感染的猪群中常常由于并发或继发其他细菌或病毒感染而死亡率大大增加。本病常与集约化生产方式有关,饲养管理不善、环境恶劣、饲养密度过大、应激、不同年龄和不同来源的猪混群等,均可诱发本病。

2. 临床诊断要点 猪断奶后多系统衰竭综合征主要发生在5～16周龄的仔猪,仔猪断奶前生长发育良好。

在一定时期内,猪场中同窝或不同窝的断奶仔猪既有呼吸道症状,又有腹泻等表现,抗生素治疗无效或疗效不佳,病程长的猪生长发育迟缓、体重下降,有时出现皮肤苍白或黄疸。

死亡猪剖检具有猪断奶后多系统衰竭综合征的病理变化,尤其是淋巴结肿胀,切面出血或呈灰黄色;脾脏前期轻度肿胀,后期软化;肺脏肿胀,间质增宽,表面散在有大小不等的褐色实变区。其他脏器也可能有不同程度的病变和损伤。

3. 综合防治措施　改变和完善饲养方式,做到养猪生产各阶段的全进全出,避免将不同日龄的猪混群饲养,从而减少和降低猪群之间 PCV-2 的接触感染机会。断奶期猪圈小,原则上一窝一圈,猪圈分隔坚固并有与邻舍分割的独立粪尿排出系统。降低饲养密度,应大于 0.33 米^2/猪;增加喂料器空间,应大于 7 厘米/仔猪,改善空气质量,氨气<15 毫克/米^3,二氧化碳<0.1%,相对空气湿度<85%;控制和调整猪舍温度,3 周龄仔猪为 28℃,每隔 1 周降低 2℃,直至常温。

建立猪场完善的生物安全体系,将消毒卫生工作贯穿于养猪生产的各个环节。

加强猪群的饲养管理,降低猪群的应激因素。避免饲喂发霉变质或含有真菌毒素的饲料,可用脱霉佳 1~2 千克/吨料。

提高猪群的营养水平。

采用完善的药物预防方案,建议采用以下防治方案。

仔猪段用药:哺乳仔猪在 3、7、21 日龄注射长效氟苯尼考,每次分别为 0.2、0.3、0.5 毫升/头。

保育猪阶段用药:用"蓝罐加康"(400 克/1 000 升水)+抗疫肽(500 克/1 000 升水)混饮。继发感染严重的猪场,可在 28、35、49 日龄各注射"氟苯尼考"0.5 毫升/头、0.8 毫升/头、1 毫升/头。

母猪用药:母猪在产前 1 周和产后 1 周,饲料中添加"加康"(400 克/吨料)+"舒宁"(1 500 克/吨料)混饲。

适宜的疫苗接种计划,接种优秀厂家的圆环病毒疫苗对控制仔猪断奶后多系统衰竭综合征有一定效果,各猪场可根据具体实际情况决定是否接种圆环病毒疫苗,同时更应做好猪瘟、伪狂犬病、猪细小病等疫苗的免疫接种,减少呼吸道病原体的继发感染。

任何阶段的猪都可全程添加"抗疫键"(1 000克/吨料)或"抗疫肽"(200克/吨料),以有效控制该病的发生概率。

针对个别严重猪可用头孢菌素进行治疗,对该病也有较好的治疗效果。

六、细菌性传染病的防制

(一)猪大肠杆菌病

1. 仔猪黄痢　主要见于0~3日龄的新生乳猪,最迟不超过1周龄,由于环境中存在的病原污染了母猪乳头,当仔猪吃奶时,通过消化道传播,本病发生急,病程短,有较高的发病率和死亡率,根据排粪便的色泽可以初诊为黄痢病。

同窝几乎全部发病。最初突然腹泻,排出稀薄如水样粪便,黄色至灰黄色,混有小气泡并带有腥臭,随后腹泻更加严重,数分钟即腹泻1次。病猪口渴、脱水,但无呕吐现象,最后昏迷死亡。

(1)免疫　妊娠母猪于产前40~42天和产前15~20天分别用大肠杆菌腹泻三价灭活菌苗(K88、K99、9879)免疫接种1次,每次1头份。

(2)治疗方法　一般的药物治疗,当一个猪场或一个猪舍的仔猪发现个别或部分猪发生腹泻时,首先做出初步诊断,若疑为传染病时,则将猪群分为3类,分别处置:①病猪,隔离治疗;②可疑病猪,与病猪同窝或同圈的仔猪,虽未见临床症状,但也可能处于潜伏期,应个别进行投药或个别注射抗血清和抗菌药物,进行紧急防治;③健康猪群,是指与病猪同一栋猪舍内不同猪圈的其他健康仔猪,虽然没有与病猪有过直接接触,但是与饲养员或工具有过间接接触,也可能扩散病原,对于这类仔猪,在其饲料或饮水中添加抗菌药物预防,如用0.1%土霉素、诺氟沙星,连服3~5天。

2. 仔猪白痢　本病是仔猪肠道中各种条件致病菌,主要是大肠杆菌引起的急性或慢性下痢,常见于10～20日龄的仔猪。

(1)流行病学特点　发病日龄,以15～20日龄多见,常在同窝中相继或同时发病,一年四季均可发生,但以冬季寒冷时多发。天气骤变,护理不当,卫生条件差,阴暗、寒冷、潮湿以及饲养管理不当是造成本病的主要原因。

(2)症状　患病仔猪一般体温正常,病初吃奶基本正常,精神尚好。随病情加重腹泻次数逐渐增多,粪便呈乳白色、淡黄色或灰白色,常混有黏液状,偶带血丝,有时排稀便,含有气泡及未消化的饲料、腥臭。发病2～3天后,仔猪精神委顿,不食、水泻。在肛门、尾部及蹠部有粪水。有的排便失禁或脱肛,很快消瘦、贫血、脱水或成败血症而死亡。病程一般5～6天,也有拖至2～3周者。

(3)预防措施

①改进母猪的饲养管理。喂给富含维生素和矿物质的饲料,精饲料与多汁饲料比例要相对稳定,以保证泌乳量相对平衡。对于膘情好的母猪在产前7天逐渐减料,产后细料稀食,1周后恢复到原来水平。

②做好仔猪的饲养管理。提早补料,一般出生后7天即开始进行,饲料搭配以精饲料为主,适当搭配多汁饲料,矿物质,可加入3%骨粉、1%食盐和0.25%硫酸亚铁及0.1%硫酸铜混合液15毫升。

③搞好卫生防疫。栏圈内要保持干燥、清洁、温暖、阳光充足,饮水充足干净。

抗菌药物如痢见停、痢必净有一定疗效,口服微生态制剂如康大宝、活的嗜酸性乳酸菌制剂有较好的预防和治疗作用。降低肠道pH值,如口服米醋或1%稀盐酸等均可促进仔猪康复。

一般性预防同仔猪黄痢。促菌生(DM$_{428}$活菌制剂)按每千克体重1亿～3亿个活菌口服,日服1次,连服2～3天。

3. 仔猪水肿病

(1)病因　幼猪水肿病一般认为是由特异性血清型溶血性大肠

杆菌产生毒素引起的,是一种毒血病。一般认为,仔猪断奶后过多地喂给浓厚饲料或饲料改变太突然,引起胃肠功能紊乱,扰乱肠道正常微生物的生态平衡,促使该菌大量繁殖和产生毒素而诱发本病。另外,和应激有密切关系。中国地方猪种很少发生此病。

(2)症状 本病是断奶仔猪的一种急性"中毒性"疾病,无一定季节性和规律性。在仔猪群中,部分仔猪突然发病,迅速死亡,可能又突然停止发病。发病的多是体质健壮,营养良好的仔猪。

在暴发初期,常见无明显症状就突然死亡。发病较慢的,早期表现精神稍差,食欲降低,步态不稳,不协调,有时无目的地转圈,有的两前肢跪地,后躯直立,突然向前猛跃,常发现为惊厥,突然倒地,四肢乱动。多数体温不高,个别的 $40.5℃ \sim 41℃$,眼睑、颜面颈部水肿,皮肤感觉过敏,触之惊叫,后期反应迟钝,呼吸困难,叫声嘶哑。

(3)防 治

①加强仔猪断奶前后的饲养管理。仔猪要提早补料,训练采食,饲料搭配要多样化,供全价乳猪颗粒料,多喂给青绿、多汁饲料,防止饲料单一化和突然变饲料,有条件的地方要提倡喂生物发酵饲料。

②沈阳益华实业总公司防疫站关丽英等报道,治疗水肿病的首选药是氧氟沙星(协尔兴)。全群饲喂治疗量氧氟沙星,每天 2 次,1天后死亡明显减少,2 天后停止死亡。

从表 7-1 可见,氧氟沙星为治疗水肿病的首选药物,诺氟沙星次之,呋喃唑酮(痢特灵)几乎无效。

一般在断奶后 4~5 天就应喂给氧氟沙星、诺氟杀星。

③发现此病,减少喂料量,灌服盐类泻剂。体重 20 千克左右的病猪,每天用硫酸钠或硫酸镁 20 克、大黄末 6 克,混入饲料内分 2 次喂给。

④免疫预防,各地生产的水肿病疫苗对预防水病疫有一定作用,但由于细菌的多型性,使预防效果受限制。

表 7-1 对部分菌株的药敏试验结果 （单位:毫米）

菌 株	氧氟沙星	庆大霉素	卡那霉素	长效磺胺	诺氟沙星	呋喃唑酮	氯霉素	普杀平
9603061	28	18	0	2	24	0	0	16
96030602	30	16	0	6	22	8	0	20
96031501	30	0	16	0	20	6	28	30
65031502	32	0	14	0	0	0	26	32
96032701	32	0	15	0	22	0	18	27
96032702	34	20	14	0	28	0	0	30
96032703	32	22	20	30	32	0	20	28
96033001	30	0	13	15	25	0	20	30

（二）沙门氏菌病

猪沙门氏菌病，又叫仔猪副伤寒，是由致病性沙门氏菌引起的仔猪传染病。其特点是:急性败血症和顽固性下痢，而慢性则为坏死性肠炎。

1. 病原特点 本病原体分布极广，粪便、土壤、水中，甚至健康猪肠道内也存在。但成年猪对本病抵抗力很强，2～4 月龄的小猪特别易感，本菌能产生耐热的类毒素，这种毒素加热 75℃、1 小时仍不被破坏。因此，误食未煮熟的病猪肉品，可发生人食物中毒。

本病主要从消化道感染，在消化道内繁殖，其后侵入肠壁淋巴间隙和滤泡进入淋巴，从而进入血液循环引起败血病。

菌体对热抵抗力不强，60℃、10～20 分钟可死亡，1％来苏儿，2％火碱水，20％石灰水都可杀死。

2. 诊断要点 多发于 2～4 月龄的幼猪，6 月龄以上的猪很少发生。多为散发而当饲养管理不良特别是阴雨连绵季节发病较多。

症状分急性和慢性。

急性：个别急性常突然死亡，多类似猪瘟症状，如体温升高(41℃左右)，废食、没精神，先便秘、后持续下痢，粪味恶臭，有时带血，拱背尖叫。病初皮肤为红色，2～3天后或死前，耳颈、胸、腹下皮肤呈紫色，病后期呼吸困难，体温下降，偶有咳嗽卧地不起，死于心力衰竭。

慢性：顽固性、周期性下痢，粪味特臭，有黏液假膜或血液。食欲不振或废绝，但爱喝水。病后期排粪失禁、消瘦缩腹、弓腰、步态踉跄，皮肤发生紫斑时，往往死亡，病程2～3周。

成年猪的副伤寒，多表现为流产和死胎。

3. 防治措施 加强饲养管理，改善环境卫生条件。免疫，仔猪断奶合群时(30～35日龄)口服或注射1头份仔猪副伤寒菌苗。预防性给药，定期喂给幼猪大蒜或大蒜素等药物。在检查隔离、消毒的基础上，用肠道消炎药物治疗效果较好。①土霉素，按50毫克/千克体重内服，每日2～3次，连续5～7天。②磺胺类药物以磺胺增效合剂较好。常用三甲氧苄氨嘧啶(TMP)0.2克、磺胺嘧啶1克、蒸馏水10毫升，20～25毫克/千克体重，静脉注射或肌内注射，每天2次。

大肠杆菌和沙门氏菌鉴别见表7-2。

表7-2 沙门氏菌与大肠杆菌的鉴别

菌 别	发 酵		产生 H₂S	产生靛基质	利用柠檬酸	对煌绿、去氧胆酸钠、亚硒酸钠的抵抗力
	乳 糖	蔗 糖				
沙门氏菌	大多不发酵	不发酵	产 生	不产生	能(少数例外)	抵抗力大
大肠杆菌	产酸产气	产酸产气或不发酵	不产生	产 生	不 能	抵抗力小或无

（三）猪肺疫

本病是由猪巴氏杆菌所致，故又叫猪巴氏杆菌病。其主要症状除了出血性败血症外，还表现为严重的呼吸系统的变化，俗称

"锁喉疯"。

1. 病原特性 巴氏杆菌为革兰氏阴性球状短杆菌,有两极染色特性,对外界抵抗力不强,一般消毒药物都能杀死。在土壤、尸体内能活3个月,冷冻易死亡,直射阳光下10分钟可致死。本菌广泛散布在自然界,存在于健康猪呼吸道内,当机体抵抗力减弱时细菌毒力增强而致病。其主要传染途径为饲料、饮水等,其次为呼吸道、伤口等。

2. 诊断要点

(1)流行病学特点 四季均可发生,但多见于秋末春初气候骤变的情况下,仔猪、青年猪多发,特别是经过长途运输、饥饿、拥挤、环境改变等猪只抵抗力降低时在猪群中突然暴发。

(2)症状 潜伏期为1~5天,慢的为5~14天。

败血型:病猪感染多量细菌和机体抵抗力下降时,细菌在血液内迅速繁殖,引起急性败血症,突然死亡。较慢的体温升高,食欲废绝,咽喉部肿胀发热发硬,重者波及胸前、耳根部,手摸有痛感。病猪两前肢呆立分开,伸颈气喘,严重时口流白色泡沫,呈犬坐姿势,黏膜发绀。最后呼吸极度困难,迅即恶化,窒息而死。

胸型:表现胸膜炎症状,体温升高,呼吸急促,鼻流黏液,阵咳气喘,结膜发绀,拒食呆立,步态不稳,压迫胸部引起痛感,病后期皮肤出现红斑点,病初便秘,后腹泻,便中带血,消瘦无力,数天后死亡。

慢性型:一般体温不高,表现咳嗽,腹式呼吸,食欲时好时坏,病猪日见消瘦,后期腹泻,经1个月左右衰竭而死。

3. 防治措施 预防猪肺疫的根本措施,就是改善饲养管理条件,增强机体抵抗力,平常注意保持圈内通风、干燥、温暖、清洁,长途运动时防止拥挤、过热、饮水不足、饥饿或过劳等。

种猪,春、秋两季分别用猪丹毒和猪肺疫苗各免疫接种1次。仔猪在断奶合群(或上网)时分别用猪丹毒和猪肺疫菌苗免疫1次。到70日龄分别用猪丹毒和猪肺疫菌苗免疫接种1次。

发生猪肺疫时,可采用以下药物治疗:

①链霉素 100 万～200 万单位,肌内注射,每日 1～2 次。

②磺胺噻唑钠和磺胺嘧啶钠,土霉素等疗法可参考猪丹毒、猪气喘病的处方,最好 2 种抗菌药同时用。

③黄芩 9 克、炙枇杷叶 4 克、川黄连 4 克、玄参 9 克、马勃 3 克、山豆根 9 克、射干 9 克、石膏 9 克、酒大黄 15 克、雄黄 1.5 克、薄荷 6 克、鸡蛋 2 个为引。共细末一次灌服,每日 1 剂,连服 3 剂。加减:喘甚者加葶苈子 3 克,热甚者加栀子 9 克;大便困难者加元胡粉 15 克,小便不利者加车前子 9 克。

④蒲公英、茅根各 35 克,白矾 15 克捣碎灌服。

(四)猪 丹 毒

猪丹毒是由丹毒丝菌(Erysipelothrix rhusiopathiae)所引起,是主要发生于猪的一种传染病,其主要的症状为败血症表现和皮肤上出现疹块,慢性病猪主要为心内膜炎和关节炎。本病多发生在气温较高的初夏和晚秋时节。

猪丹毒丝菌对干燥抵抗力较强,在阴暗地方能生存 1 个月以上,直射阳光下活 2 周,盐腌肉中活 3 个月以上。常用消毒药和高温可将病菌杀死。

在预防本病时,除一般的防治工作外,重要的是每年定期给猪进行预防注射。

种猪,春、秋两季分别用猪丹毒和猪肺疫菌苗免疫接种 1 次。

仔猪,断奶后合群(或上网)时分别用猪丹毒和猪肺疫苗免疫接种 1 次;70 日龄分别用猪丹麦和猪肺疫菌苗免疫接种 1 次。

虽然治疗猪丹毒方法很多,如青霉素疗法和血清疗法等,但实际上传染发病较快,来不及治疗就死了,所以适时免疫接种是最好的预防办法。

猪丹毒是人兽共患病,除主要发生于猪外,牛、绵羊、马、犬、禽类、鱼类和人等也能感染。人感染丹毒丝菌称类丹毒,以局部划伤感染为主,局部皮肤出疹,红肿,有烧灼感和刺痛感,有时剧痒,但不化脓,常伴有腋窝淋巴结肿胀,间或还可发生败血症、关节炎和心内膜炎。青霉素可迅速治愈,康复良好。

(五)猪气喘病

猪气喘病,在国外称地方流行性肺炎。自确认病原为猪肺炎支原体后,又称"猪霉形体肺炎",也有称"猪支原体肺炎"。主要侵害肺脏,症状为气喘、咳嗽,故延用猪气喘病较为适宜。

1. 诊断要点

(1)流行病学特点 本病一年四季都可发生,但以气候骤变,冬春寒冷季节发生较多。不分年龄、性别、品种,但以哺乳仔猪和断奶仔猪多发,且死亡率高,其次为妊娠后期的母猪。

病猪是主要传染源,老疫区此病蔓延不断,主要是以患病猪或带病母猪为中心形成的母仔之间的流行链锁。

猪病的一般规律:在新疫区呈现急剧的暴发式地方性流行,以后转入缓慢的地方性流行。当饲养管理条件好时,猪只有轻微咳嗽、气喘或症状消失,一旦饲养管理不良、拥挤或外地引进易感猪时,又可引起暴发。

(2)症状 病初期,患猪主要症状是咳嗽,在吃食、剧烈跑动、早晨出圈或气候骤变时,猪只表现单声咳嗽,精神、食欲均无明显变化,因此往往被忽视,随病程发展,咳嗽次数增加,由单咳变成五六声甚至十余声的连咳,干咳变成湿咳,浅咳变成深咳。中期出现气喘,咳嗽有声响,腹壁随呼吸运动有节奏地煽动,呼吸次数每分钟 40～70 次甚至 100 次以上,此时精神、食欲、变化很大。后期呼吸急促,次数增加,呈犬坐姿势,张口呼吸或将嘴支于地面而喘息,咳嗽次数少而弱,似有分泌物堵塞难以咳出。此时,精神差,食欲废绝,体温稍高,结膜发绀,窒息死亡。

如继发其他病时,体温升高,不食、腹泻、全身恶化,将出现继发病的相应症状。

2. 防治措施

(1)培育健康猪群　保持健康无疫是在良好的饲料管理下,采取日常严格的卫生管理检疫制度的情况下,具有环境控制设施和排除一切应激因素的条件下获得的。相反,如果受环境因素或社会因素影响,使猪群失去正常饲养和管理,加上引进猪只及卫生制度不严,就可能带进疫情。疫情一旦发生,较难清除。一般要采取培育健康猪群的手段。

①无菌接产、人工哺乳法　就是仔猪出生时,不让仔猪接触患病母猪,用消毒的无菌袋接产,脱离母猪群,在隔离的条件下,实行人工哺乳,人工哺乳可用人工配制的"代乳品",也可以用消毒牛羊奶,也有放入健康猪群寄养的。上述方法需要一定的设备和技术条件,费工费钱,仅适于有条件的种猪场,一般很少采用。

②土霉素、支原净净化综合技术　土霉素碱(华北制药厂)每毫克含量 870 国际单位。方法是:母猪产仔前 10～30 天开始服药至仔猪断奶,仔猪从开食至断奶服药,母猪、仔猪服药剂量为每千克体重 50 毫克,分早、晚 2 次拌入饲料服用;或用支原净(45%)配成 0.009%(即 90 克/千克)水溶液,供母猪产仔后连同仔猪饮用,仔猪断奶后再服 10 天。

③紫外线和药物消毒方法　仔猪分娩后 3～5 天、15～20 天和双月断奶时,用 30 瓦紫外线灯各照射 1 次,每次照射 10 分钟,紫外线灯距地面 80～100 厘米,同时用 0.1% 新洁尔灭溶液喷洒猪舍 3 次。

(2)免疫预防

种猪,成年猪每年用猪气喘病弱毒菌苗免疫接种 1 次(右侧胸腔内)。

仔猪,7～15 日龄免疫接种 1 次。

后备种猪,配种前再免疫接种 1 次。

也可用三联苗(1 毫升)、四联苗(2 毫升)。

3. 治疗　有关猪气喘病的治疗药物和治疗方法的研究,也有所改进。近来有人试用卡那霉素、盐酸洁霉素注射液在苏气、肺俞、膻中等穴位注射治疗气喘病 67 例，治愈 62 例，复发仅 4 例，效果较理想。

方法是：①注射穴位。苏气穴，背脊线第四、第五胸棘突之间和两侧各 3 穴，入针 1～1.5 厘米；肺俞穴，右侧髋关节的水平线与倒数第六、第七肋间隙的交叉点上，入针 2～2.5 厘米；膻中穴，两前肢内侧正中，胸骨体下方，入针 0.5 厘米。②药物用量。卡那霉素，3 万～4 万单位；盐酸洁霉素注射液，每千克体重 50～100 毫克。用 20 毫升金属注射器，16 号针头若干，术部剪毛，穴位消毒后，将针头速刺入皮肤，按进针方向到达要求深度，按注射器注入药物，每日 1 次，5 天为 1 个疗程。江西抚州地区高牧良种场的实验证明，治疗 67 例，注射 1 次，治愈率 16.4％；注射 3 次，治愈率 73.1％；注射 5 次，治愈率达 92.5％。

上述 3 穴均有丰富的血管、神经，按中医理论，针刺这些穴位，本身对猪急性支气管炎、肺炎、感冒、咳嗽等呼吸系统疾病均一定疗效。同时，注入的抗菌药物通过血液循环，对病原又起根治作用。这就是本治疗方法疗效高的双重作用。

俗话说:"同样草,同样料,不同喂法不同膘",养猪就像带孩子一样,需要特别细心观察,巧于操作,才能收到良好效果。

一、猪群结构

(一)猪场规模

按饲养生产母猪数量和年产商品猪出栏头数确定规模。

1. 小型猪场　饲养生产母猪 300 头以下,年产商品肉猪 5 000 以下。

2. 中型猪场　饲养生产母猪 300～600 头,年产商品肉猪 5 000～10 000 头的养猪场。

(二)猪群结构

猪群结构,依生产功能、工艺流程,可划分如下部分。

1. 成年公猪群　直接参与生产的公猪,组成成年公猪群。实行人工辅助(本交)配种的场,种公猪应占生产母猪群的 2%～5%;实行人工授精配种的养猪场可降低到 1% 以下。

2. 后备公猪群　由为更新成年种公猪而饲养的青年猪组成,占成年公猪群的 30%～50%,一般选留比例为 10 : 2。

3. 生产母猪群　由已经产仔的母猪组成,占猪群总存栏量的 10%～12%。

4. 后备母猪群　由用于更新生产母猪的幼猪组成,占生产母猪群的 25%～30%，选留比例为 2：1。

5. 仔猪群　指出生到断奶前的哺乳仔猪，占出栏猪数的 15%～17%。

6. 保育猪群　指断奶后仔猪，在网床笼内（一般指 35～70 日龄仔猪）或地面饲养，而后转入生长发育猪群。

7. 生长发育（育成、肥育）猪群　经保育阶段以后，转入地面饲养，依体重可分为育成期（体重 20～35 千克）、肥育前期（体重 35～60 千克）和肥育后期（体重 60～100 千克）。

二、猪的一般饲养原则

保持环境的清静、无噪声、无污物、无积水、无杂物存放、绿化、美化、通风凉爽、清洁卫生。

猪舍墙壁、门窗、天花板、地面、栏圈、料、水、猪体、食槽、设备、工具的整洁和完好。

对设备、用具在使用前检查，用后保养，专群专用，不交叉使用、挪用或混用，用后放置定处，不许存放与饲养无关的杂物。

按照工作日程进行饲喂，清扫、消毒、防疫、驱虫、用药、补青。观察、刷拭猪体，调教运动，配种、疾病护理，准确及时地记录。

猪舍通风换气，防暑、保暖，保持舍内干燥，空气新鲜。

不同的猪群给予不同的料号和喂量。根据猪的长势、膘情、季节变化及时调整。

根据不同的猪群可干喂或湿拌料或粥料喂猪，不喂污染或变质的饲料。

不限量自由采食的猪群用自动食槽，限食的猪群日喂 1～2 次定时定量，公猪日粮控制在体重的 2%～2.5%，总量每日不超过 3 千克，视配种强度和膘情调整饲料的浓度和喂量，喂后清槽，不准料压槽，自动食槽要按时清刷。

根据猪的类别、性别、用途、日龄、体重、强弱分群，拆大群不拆小群,调强猪不调弱猪,以免大欺小、强欺弱、主欺生,调群应在晚上,用合群猪的粪尿或用其他无毒有味液体喷洒后调整。

贯彻"福利养猪"原则。做到人猪亲和,了解猪的行为欲望,不许惊吓,粗暴赶打、捕捉,严防跳栏、跑栏、偷配事故的发生。在圈栏内可酌情放置小球、放音乐等。

发现疾病或异常及时查明原因,采取处理措施,做好病历、治疗记录。

常年坚持灭蚊、蝇、鼠、兽、禽鸟和昆虫。

三、公猪的饲养管理

公猪性成熟后要单头饲养。栏墙、栏门高 1.2 米以上,栏门要牢固,随时落锁。

引入品种公猪初配 9～10 月龄,体重 130～150 千克,地方品种初配 5～6 月龄。隔日配种 1 次。成年公猪每天配种 1 次,连续 3 天休息 1 天,必须重复配种间隔时间不得少于 8 小时,用后要休息 1 天。

按照选配方案、主配、副配顺序安排配种,做好配种记录。

每天驱赶运动 1～2 次,夏天用凉水擦洗睾丸,每天 1～2 次,气温超过 30℃时停止配种,并采取降温措施。

常年配种公猪用泌乳期母猪的日粮标准,非配种期可降低营养标准。保持七八成膘的体况进行调整。

公猪日粮蛋白质水平:由于公猪的精液中干物质的成分主要是蛋白质,因此,饲料中蛋白质不足或摄入蛋白质质量不高时,可降低种公猪的性欲、精液浓度、精液量和精液品质。另外,据有关资料表明,色氨酸的缺乏可引起公猪的睾丸萎缩,从而影响其正常生理功能。粗蛋白质在 13.5% 以上。

公猪日粮能量水平:公猪维持自身的生长需要,精液形成、配种活动等都需要能量。一般饲料中能量应达到 11.30～12.14 兆焦/千克。能量太低或采食量太少,公猪容易消瘦,性欲降低,随之而来的是其精液品质的下降,造成使用年限缩短。能量太高或采食量太大,公猪容易增肥。过肥的公猪一般不愿运动,易引起趾蹄病,配种或采精困难,从而导致性欲下降、精液品质差等。一般地,符合营养标准的饲料,根据种公猪的体况,每天饲喂2.3～2.5千克。

微量元素的影响:饲料中缺乏硒、锌、碘、钴、锰等时,可影响公猪的繁殖功能,有的可造成公猪睾丸萎缩,影响精液的生成和精液品质。

维生素的影响:饲料中维生素E对公猪比较重要,虽然没有证据表明它能提高种公猪的生产性能,但能提高免疫能力和减少应激,从而提高公猪的体质。

青饲料的影响:坚持饲喂配合饲料的同时,每天添加0.5～1千克的青绿多汁饲料,可保持公猪良好的食欲和性欲,一定程度上提高了精液品质。

四、配种和妊娠母猪的饲养管理

瘦肉型品种,母猪初配在8月龄,体重135千克以上。地方品种6～8月龄初配。不得早配,以免影响产仔数量和母体的发育,要求初情后第三个发情期体重占成年体重的35%以上。

大型瘦肉型品种母猪性成熟晚,发情不明显,要细心观察猪群。发情时阴门表现红肿,减食不安,红肿稍退方可配种。青年母猪发情持续期5～7天,经产母猪3～5天,在压背时塌腰反射,两耳郭向前转安静不动时即可配种。注意事项:不可配得过早;不可乱配;在配种后8～12小时复配1次,如不休情可配第3次。

母猪配种18～20天后表现食欲旺盛、安静则表明已受胎。没准胎的会出现发情,应及时补配。

交配前对母猪尾部、阴门和公猪包皮用0.5‰高锰酸钾液擦洗,排出公猪盲囊中积尿,以免造成阴道、子宫内膜炎。对患有炎症的母猪有发情征兆时,注射青霉素和链霉素,1 日 2 次,直到配种结束。

妊娠母猪饲料利用率高。青年猪,即经产一二胎母猪,应采取步步登高的饲养方式。断奶后膘情不好的母猪采用抓两头顾中间的饲养方式,即妊娠前 30 天和产前 20 天进行优饲;体况良好的母猪采用先粗后精的饲养方式。胎儿前期绝对增重慢,前 80 天仅占仔猪初生重的 40%,营养水平要低,青粗饲料比例稍高。精饲料,青年猪可占体重的 1.2%,成年猪占 1%。保持七成膘。过肥会导致胎儿脂肪浸润死亡被吸收或出现死胎、弱胎。

妊娠后期(从 84 天至产仔)胎儿发育绝对增重快,母体要储备泌乳的营养,饲料浓度要提高。精饲料要求提高到体重的 2%,不限食。增加钙、磷、维生素 D、微量元素和多种维生素的含量。

栏圈要干燥平整,防挤碰、惊吓等应激和热性病造成流产。

产前 40 天和 15 天各注射 1 次大肠杆菌 K88、K99 灭活菌苗,2 毫升。预防或减少仔猪黄白痢疾。

空怀母猪营养水平需要为 11.30~11.51 兆焦/千克,粗蛋白质为 14%左右。

为了补充哺乳期间体重的损失,配种前的空怀母猪应饲喂足够的哺乳母猪料,以尽快恢复体况,促进发情。妊娠母猪营养需要比空怀母猪高。一般能量水平为 11.51~11.72 兆焦/千克,蛋白质为 14%左右。

妊娠前期日平均饲喂量不宜太大,量太大容易造成母猪过肥、难产、弱仔多、乳汁差等。一般地,妊娠期的前 1 个月,喂量 1.8~2.0 千克/天,中间 2 个月左右的时间根据体况喂至 2.0~2.3 千克/天,最后 24 天左右喂 2.8~3.0 千克/天。

日粮中矿物质、钙、磷要足够且平衡。日粮中钙缺乏时,对于母猪会导致骨质疏松症,容易造成产前或产后瘫痪,并降低产后的泌乳量,对于发育的胚胎及胎儿,特别是后期的胎儿,由于骨骼发育需要大量的钙,缺乏时可引起骨软症等。磷缺乏时,可导致母猪流产甚至不孕。正常情况下,对于妊娠母猪来说,钙、磷比以 1.5:1 为宜。

日粮中维生素的量要适当。长期缺乏维生素 A 时,可导致仔猪体质虚弱,甚至引起瞎眼和严重的小眼症,而母猪则表现为繁殖功能下降。在日粮中添加锌和叶酸可以提高母猪的成活率。

待配种的空怀母猪和妊娠母猪都需要经常添加一些青绿饲料。

五、围产期母猪的饲养管理

分娩是养猪生产中最重要最繁忙的生产环节,其工作目标是使母猪安全分娩,产下仔猪成活率高。

(一)围产期管理

要参照全国或本地的饲养标准拟定本场的饲养标准,配好分娩期日粮。

根据母猪的预产期(平均妊娠天数为 114 天,也可记为 3 个月 3 周加 3 天)推算,在母猪产前 5～10 天,就应准备好产房。产房要求干燥(相对湿度 65%～70%)、温暖(房内温度 22℃～23℃)、阳光充足,空气新鲜。如湿度过大,可用石灰和炉灰(1∶3)或干锯末铺在地上。在寒冷地区,冬、春季要做好防风防寒保暖工作。产房可用 3%～5%石炭酸或 2%～5%来苏儿或 3%烧碱水进行消毒;墙壁可用 20%生石灰水粉刷。为了使母猪习惯于新的环境,应提前 5～7 天进入产房。

产前 1 周,把母猪体腹部、乳房、外阴用消毒液擦洗,移入消毒好的产房。

如有条件,尽量购置标准化产床。特别是引入的品种行动笨拙,只有在产床上产仔才安全。产房内要备足垫草,检查照明设备,准备好仔猪保温箱、取暖用具、接产用具、有关药品、耳号钳和称量衡器等。产前要将猪的腹部、乳房及外阴附近的泥污清除,然后用 2%～5%来苏儿溶液进行消毒,消毒后清洗擦干。

（二）产后护理

1. 临产征状　①腹部膨大下垂,乳房膨大有光泽,两侧乳头外张,用手挤压有乳汁排出,一般初乳在分娩前数小时或 1 昼夜就开始分泌,个别产后才分泌。②阴部松弛红肿,尾部两侧下凹(骨盆开张),行动不安衔草做窝,这种现象一般 6～12 小时后就要分娩。③频频排尿,起卧不安,开始阵痛,阴部流出黏膜,这就是即将产仔的征兆。

2. 接产技术　安静的环境对正常的分娩是重要的。一般母猪分娩多在夜间。在整个接产过程要求保持安静,动作迅速和准确。

3. 仔猪护理

(1)及时擦干　仔猪产出后,接产人员应立即用手将口、鼻内黏液掏除并擦净再用抹布将全身黏液擦净。

(2)断脐　先将脐带内的血液向仔猪腹部方向挤压然后在离腹部 4 厘米处把脐带用手指捋断或剪断,断处用碘酊消毒,若断脐时流血过多,可用手指捏住断头,直到不出血为止。

(3)假死猪的抢救　有的仔猪出生后呼吸停止,但心脏仍在跳动,这叫"假死"。急救办法以人工呼吸为最简单,可将仔猪的四肢朝上,一手托着肩部,另一手托着臀部,然后一屈一伸反复进行,直到仔猪叫出声后为止。其他也可采用在鼻部涂酒精等刺激物或针刺的方法来急救。

(4)难产处理　母猪长时间剧烈阵痛,但仔猪仍产不出,这时若母猪发生呼吸困难,心脏加快,应实行人工助产。一般可用人用的合成催产素注射,用量按每 50 千克体重 1 支(1 毫升),注射后 20～30 分钟即可产出仔猪。如注射催产素仍无效,可用手术掏出,在进行手术时,应剪磨指甲,用肥皂、来苏儿洗净,消毒手臂,涂润滑剂,乘着母猪努责间歇时慢慢伸入产道,伸入时手心朝上,摸到仔猪后随母猪努责慢慢将仔猪拉出,掏出 1 头仔猪后,如果转为正常分娩,不要继续掏。手术后,母猪应注射抗生素或其他消炎药物。

（三）营养调控

临产前几天，大多数母猪的食欲减退。有少数仍食欲旺盛，应适当控料，对体况好、乳汁过浓稠的母猪也应控料，以免患乳房炎或致仔猪下痢。产前 3～5 天，日喂量减少 10%～20%，上午 1.2 千克，下午 1.2 千克；产前第二天，上午 1 千克，下午 1 千克；产前 1 天，上午 0.5 千克，下午 0.5 千克；分娩当天停喂，只给予小麦麸汤。分娩后第二天，上午 1 千克，下午 1 千克；分娩后第二天，上午 1.5 千克，下午 1.5 千克；分娩后 3～4 天，上午 2.5 千克，下午 2.5 千克；产后第五天，上午 2.7 千克，下午 2.7 千克。依不同品种、不同体重、不同体况适当调整喂量，不要一刀切。

（四）母猪白天产仔的调控

由上海市计划生育研究所研制的氯前列烯醇诱发母猪同期分娩效果较好。北京南郊农场对妊娠 112～113 天的母猪在早晨 7～8 时开始注射氯前列烯醇，可使 75% 的母猪在次日白天分娩。氯前列烯醇生产单位有宁波第二激素厂和苏州市苏牧动物药业有限公司。

又据刘延年报道，在产前头 1 天（113 天）上午 8～10 时，给每头母猪颈部肌内注射氯前列烯醇 1～2 毫升，可使 98.2% 的母猪在次日白天分娩，有效率近 100%，仔猪成活率由试验前的 94% 提高到 98%。

（五）产后一针防止产后病

母猪产后，尤其是秋季产仔，往往容易发生子宫炎和乳房炎，轻者影响泌乳，妨碍仔猪生长，重者导致母仔全部死亡。为了防止产后病的发生，应采取产后注射青霉素 400 万单位和链霉素 200 万单位。个别母猪有轻度临床表现时隔 12 小时左右再注射 1 次。如采取这种方法，整个母猪群可基本不发生严重的产后疾病。

六、哺乳母猪的饲养管理

哺乳母猪饲养目标是,设法使母猪最大限度地增加采食量,减少哺乳失重,保持体况适中。

(一)饲　喂

哺乳母猪日喂 3 次,泌乳高峰期的时候可以视情况在夜间加喂 1 次。供足清洁饮水。

哺乳母猪的饲料原料选择要严格把关,日粮配方应按照哺乳母猪的营养需要进行配合,做到营养合理、全价平衡、适口性好、易消化、体积适中(表 8-1)。

表 8-1　哺乳母猪营养需要量

体重（千克）	能量（兆焦/天）		赖氨酸（克/千克）		日喂量（千克/天）	
	10 仔	12 仔	10 仔	12 仔	10 仔	12 仔
160	79.2	80.8	38.3	44.9	5.66	6.46
200	83.0	83.0	39.4	46.0	5.93	6.70
240	86.7	86.7	40.4	47.0	6.19	7.27
280	90.2	90.2	41.4	48.0	6.44	7.29
320	93.7	93.7	42.3	48.9	6.69	7.52
360	96.7	96.7	43.2	49.8	6.91	7.75

(二)饮　水

母猪哺乳阶段需水量大,只有保证充足清洁的饮水,才能有正常的泌乳量。产房内最好设置自动饮水器和贮水装置,保证母猪随时都能饮水。自动饮水器的出水量不少于 1.5 升/分。

饮水供给母猪标准的清洁卫生的安全饮水,可在饮水中添加复合酸化剂。对哺乳母猪应采取饮水器供水与喂料后向食槽中加水相结合的方法,保证它能喝到足够的水。饮水不足,排乳量减少。

(三)催 乳

给母猪饲喂小米粥、熟猪蹄等具有催乳作用。

某些药物,如催乳素,中药党参、黄芪、熟地、穿山甲、王不留行等(各 15 克)均有提高母猪泌乳量的作用。可在母猪产后肌内注射或在饲料中拌喂。

(四)保护乳房

护理好母猪乳房,母猪产仔后可用 40℃温水泡毛巾擦洗按摩乳房,每次 5 分钟,连续数天,可有效提高泌乳量。防止乳头受伤,以免影响仔猪吮乳。

(五)户外活动

母猪产后 5 天,如天气暖和、阳光充足,可到户外活动,每天 20分钟;半个月后母猪可自由活动,多晒太阳,以增强抗病力、快速恢复体况,也利于仔猪健康成长、提高其成活率。

(六)免 疫

免疫预防,经产母猪每年 4 月份接种 1 次乙型脑炎弱毒活疫苗,每头肌内注射 2 毫升,保护期为 9 个月。口蹄疫疫苗每 4 个月接种 1 次,1 年免疫 3 次,可用 O 型口蹄疫灭活疫苗(缅甸 98 毒株),每头每次肌内注射 2 毫升;也可免疫猪口蹄疫 O 型灭活疫苗(新猪毒谱系加缅甸 98 谱系),效果尚佳。伪狂犬病基因缺失活疫苗,每 4 个月接种 1 次,可以普免,每次每头肌内注射 2 毫升。母猪产仔后,于仔猪断奶时母仔同时接种猪瘟疫苗(ST 传代猪瘟细胞苗或猪瘟脾淋苗),母猪每头肌内注射 2 毫升,仔猪每头肌内注射 1 毫升。接种疫苗时,建议配合使用免疫增强剂,如三仪集团研发的转移因子、白细胞介素-4 及 MHC-Ⅱ类分子,能有效增强免疫力、提高疫苗的免疫效果。

七、哺乳仔猪的饲养管理

(一)初生仔猪管理

仔猪出生后,如遇小猪体重过大,脐动脉过粗,自然断脐较短,剪后流血时,应结扎脐带。

待仔猪全部出生后,应立即打耳号,称重、剪牙、断尾,做好产仔记录。

出生 7 天内不应麻醉阉割,超过 7 天应由兽医麻醉后阉割。

当兽医需要断尾时,应由经过兽医培训具备相应能力的饲养员在仔猪出生 48 小时内完成,最迟不超过 7 天。

新生仔猪断牙或钝化牙齿,只有符合法规要求和在猪场兽医建议下才可接受。

出生后次日注射牲血素 1 毫升或其他补血剂。

(二)吃初乳与定乳头

产后 3 天以内的奶叫初乳,营养价值高(表 8-2),要及时吃上初乳。每对乳头的泌乳量不同(表 8-3),定奶是提高成活率和断奶后的关键措施之一,在最初定奶时,要训练半数的仔猪吃母猪下一排的奶,然后把另一半仔猪训练吃上一排的奶。体格小的吃前几个奶头,体格大的吃后面的奶头。注意不要把小猪固定在发育不良,有缺陷和两个乳头距离近的乳头上。等大体固定后,用紫药水给仔猪临时编号,每次哺乳都要辅助对号(仔猪 2～3 小时吃 1 次奶),不要乱吃,以利固定乳头。在哺乳过程中,要使每头仔猪每次哺乳都要吃到奶。母猪下排(特别是后部)的乳头往往露不出来,要用"丁"字形木棍(撑子)顶腹线,撑起腹部,协助仔猪出奶,对弱小仔猪要特别辅助护理,要求饲养员认真负责。仔猪吃正反面都定住的奶需 2~3 天时间,以后饲养员们需留心仔猪吃奶情况,注意观察有无争奶现象,有无被母猪压着、踏着的仔猪,有无走迷回不到母猪身边和找不到保温箱的仔猪,以免发生事故。

表 8-2　猪的初乳和常乳成分的比较

项　目	水　分	蛋白质	脂　肪	干物质	乳　糖	灰　分
初乳(%)	77.79	13.33	6.23	22.21	1.97	0.68
常乳(%)	79.68	5.26	9.97	20.32	4.18	0.91

表 8-3　每对乳头占总泌乳量的比例

所占比例	第一对	第二对	第三对	第四对	第五对	第六对	第七对	合　计
(%)	22	23	19.5	11.5	9.9	9.2	4.9	100

仔猪出生第五天,可开始诱导仔猪喝水(饮水),如缺水,则乱舔食、喝脏水,容易腹泻。

仔猪出生第 5~7 天,可开始诱食补料,最好在 10 日龄能促其认食。诱食方法很多,如炒大豆面、甜香面糊等往仔猪的口中抹,或将炒料事先撒在地上或盆中任其拱食。连续训练 5~7 天,到第十天就可认食了。

(三)帮助仔猪过"三关"

哺乳仔猪的主要特点是生长发育快,代谢旺盛,消化器官不发达,无先天性免疫功能、体温调节功能不完善,从而使得仔猪难养,成活率低。仔猪越小,死亡率越高,尤以出生后 7 天最多,死亡的原因主要是黄、白痢、发育不良、压死和冻死。因这个时期仔猪体弱行动不灵活，抗病力和耐寒力差，加强初生仔猪的保温防压护理是第一个关键时期；出生后 10～25 天，虽然母猪的泌乳量逐渐上升，但仍满足不了仔猪迅速发育的需要，如不及时补足饲料，容易造成仔猪瘦弱，患病而死亡，这是第二个关键时期；仔猪 1 月龄后，死亡较少，食量增加，这是仔猪由吃乳过渡到吃料独立生活的准备时期，也就是第三个关键时期。所以，根据仔猪的生长发育特点应采取"抓三食"、"过三关"的措施，争取仔猪全活全壮。

1. 抓乳食，过好初生关　仔猪出生后即可自由活动，寻找乳头吮乳，弱小仔猪因四肢无力，行动不灵，往往不能及时找到乳头，尤其在寒冷季节，有时被冻僵不会吮乳，为此在仔猪出生后应给以人工扶助，让仔猪吃上初乳，最晚不超过 2 小时。初乳中蛋白质含量高，维生素丰富，含有免疫抗体和镁盐，初乳中的各种营养成分在小肠中几乎全部被吸收，有助于增长体力、产热和增强抗病力；镁盐有轻泻作用，可促进胎粪排除，有助于消化道蠕动，因而初乳是仔猪不可取代的食物，为使同窝仔猪生长均匀、健壮，在仔猪出生后 2～3 天进行人工辅助固定乳头，如前所述，先让仔猪自寻乳头，待大多数固定后，将个别弱小仔猪放在乳汁多的奶头上。

仔猪体温 39℃～40℃，比成年猪高 1℃～2℃，加之初生仔猪被毛稀薄，皮下脂肪少，体表面积大，物理调热效果小。另外，自身调节体温功能发育在 10 日龄前最不完善，仔猪受冻变得呆笨，行动不灵，不会吮乳，易被母猪压死或引起低血糖、感冒、肺炎等病。

仔猪的适宜温度，仔猪 1～3 日龄为 30℃～32℃，4～7 日龄为 28℃～30℃，15～30 日龄为 22℃～25℃，2～3 月龄为 22℃。但实际上仔猪总是群居，室温可略低一些，温度在 15℃ 以下的产仔栏内应增加保暖设备。

保温防压的办法很多，可根据自己的条件选择，为避免在严寒酷暑季节产仔，在农村可采用 3～5 月份及 9～10 月间分娩的季节产仔制；如全年产仔制，应设产房，堵塞风洞铺垫草，保持舍内温暖干燥。

如无专用产床,可在产房一角设防压栏。

2. 抓开食,过好补料关　训练仔猪吃料叫开食。母猪的泌乳量虽然产后不断上升,至3～4周达高峰以后逐渐下降,但自第二周以后,仍不能满足仔猪体重日益增长的需要。及时补料不但可以弥补营养不足,而且还可锻炼仔猪的消化器官,促进胃肠发育,防止腹泻,为安全断奶奠定基础。因此,在仔猪3～5日龄可在补饲间设水槽补给清洁饮水,最好设自动饮水器,若稍加甜味剂效果最好。5～7日龄开始补料,训练仔猪开食。

由许振英教授等按我国中型品种和地方品种饲养标准,研制的饲料配方见表8-4。

表8-4　哺乳仔猪饲粮配方

体重(千克) 配方编号 饲料种类	1～5		5～10		
	1	2	3	4	5
	(7～30日龄)		(30日龄后)		
全脂奶粉	20.0	—	20.0	—	—
脱脂奶粉	—	—	10.0	—	—
玉　米	15.0	43.0	11.0	43.6	46.3
小　麦	28.0	—	20.0	—	—
高　粱	—	—	9.0	10.0	18.0
小麦麸	—	—	—	5.0	—
豆　饼	22.0	25.0	18.0	20.0	27.8
鱼　粉	8.0	12.0	12.0	7.0	7.4
饲料酵母粉	—	4.0	4.0	2.0	—
白　糖	—	5.0	3.0	—	—
炒黄豆	—	10.0	—	—	—
碳酸钙	1.0	—	1.0	1.0	—

续表 8-4

体重(千克)	1～5		5～10		
配方编号	1	2	3	4	5
饲料种类	(7～30日龄)		(30日龄后)		
骨　粉	—	0.4	—	—	0.4
食　盐	0.4		0.4	0.4	0.4
预混饲料	1.0		1.0	1.0	—
淀粉酶	0.4		0.2	—	—
胃蛋白酶	—	0.1	0.2	—	—
胰蛋白酶	0.2		—	—	—
乳酶生	—	0.5			
每千克饲料含消化能(兆焦/千克)、粗蛋白质(%)	15.272	14.874	15.564	13.598	14.435
	25.2	25.6	26.3	22.0	20.3

3. 抓旺食,过好断奶关　仔猪 30 日龄后随着消化功能的渐趋完善和体重的迅速增加,食量大增,进入旺食阶段,加强这一时期的补料可提高仔猪的断奶重和适应断奶后的生长猪饲料类型。

补料要多样配合,营养丰富,根据仔猪的采食习性,选择香甜、清脆、适口性好的饲料。因仔猪生长迅速,需要补给接近母乳营养水平的全价料。

生长发育好的仔猪开食早且贪食,对营养需要量大,但胃肠容积小,排空快,所以最好采用自由采食的饲养方式。否则,补饲次数应多,一般每天 5～6 次,其中夜间 1 次。每次食量不超过胃容积的2/3 为度,饲料调制以干料或生拌(湿)料为好,切忌用霉坏变质饲料。食槽应清洁,加强饲养卫生,为便于仔猪采食和防止踏脏饲料可用仔猪自动饲槽和饮水器补饲。

（四）一胎多产仔猪的养育

养育多产或无乳仔猪的措施如下。

1. 寄养　即把超过母猪有效乳头和多余仔猪寄养给产仔少的母猪。两头母猪的产仔日期应相近，两窝仔猪的体重相差不要太多，以免仔猪被排挤而吃不到乳影响生长发育。寄母要选择性情温驯、泌乳量多、母性好的母猪。

母猪视觉很差，主要是靠嗅觉辨认自己的仔猪。因此，寄养时一要防止母猪闻出异味而拒绝哺乳或咬伤仔猪。二是防止仔猪因寄养过晚而不吮吸寄母的奶。具体方法是：寄养前先将母猪和仔猪分开。把寄养的猪和原窝仔猪放在一起经 30～60 分钟气味一致后，而且此时母猪乳房已涨，仔猪也感饥饿再放出哺乳，必要时可用寄母的乳汁喷涂仔猪。如寄养仔猪隔离后仍不吸食母乳，可适当延长饥饿时间，待其很饿且原窝仔猪开始哺乳时再放到寄母身边，令其迅速吸到乳汁即可成功。寄养还可促进落脚猪的发育，即把一窝中最弱小的落脚猪寄养给分娩较晚的母猪，延长哺乳时间，促进生长发育。

2. 人工哺乳　当母猪无乳或死亡又不能寄养时，可采取仔猪人工哺乳法，配制合理的人工乳是人工哺乳成功的保证，人工乳的营养成分要与猪乳相似，猪乳是一种高能高蛋白的营养品，在设计人工乳时，即使以羊、牛奶为基础，也要补加脂肪和糖，以提高含热量，保证必需的氨基酸，如赖氨酸、蛋氨酸、色氨酸等的供给，并注意矿物质微量元素和维生素的补充。初生仔猪消化吸收能力差，配制时应选用合适的原料和添加胃蛋白酶。小肠中蔗糖酶的分泌差，故前期人工乳不应使用蔗糖，以补加葡萄糖、麦芽糖为宜，使用油脂时，以猪油为宜并掺入面粉，使其与胃内消化酶发生作用。另外，还要注意人工乳对仔猪的适口性，否则人工乳的营养价值再高，适口性和消化性不好，猪不吃也达不到目的。初生仔猪易受大肠杆菌感染并缺乏先天性免疫抗体，在人工乳中应增加抗生素并补给牛的初乳或母猪的血清。

人工乳配方:鲜牛奶或10%奶粉液1 000毫升,鲜鸡蛋1个,葡萄糖20克,微量元素盐溶液5毫升(硫酸铁49.8克、硫酸铜3.9克、硫酸锌9.0克、硫酸锰3.6克、硫酸钾0.26克、氯化钴0.2克加水1 000毫升配成),鱼肝油适量,复合维生素适量。制作方法:先将牛奶煮沸消毒,待凉至40℃时,加入葡萄糖和鲜鸡蛋、复合维生素、微量元素盐溶液和母猪血清(占人工乳10%～20%),搅拌均匀装入500毫升消毒的滴流瓶内,置于恒温水浴中备用。1～3日龄日喂200毫升(20次),4～5日龄日喂270毫升(18次),6～8日龄日喂360毫升(16次),9～11日龄日喂430毫升(15次),以后加喂乳猪料,2次饲喂间隔饮水。

(五)仔猪断奶

饲养断奶仔猪的任务是保证仔猪正常生长,减少和消除疾病的侵袭,获得最大的增重,育成健壮的幼猪。断奶时间一般为45～60日龄,有条件的猪场或专业大户为提高母猪的利用强度(年产2.2～2.5窝),可早期于5～6周龄断奶,甚至3周龄断奶。

断奶方法有3种。

1. 一次断奶 也称果断断奶法。当仔猪达到预定断奶日龄时,断然将母仔分开,方法简单,适用于工厂化养猪,但使用时必须在断奶前3天减少母猪精饲料和青饲料的饲喂量以降低吮乳量,并注意对母猪及仔猪的护理。

2. 分批断奶 即按仔猪的发育、食量和用途分别先后陆续断奶,一般发育好、食欲强的作肥育用的仔猪先断,体格弱小和留种用的后断。适当延长哺乳期,促进发育。

3. 逐渐断奶 是逐步减少哺奶次数的方法,即在预定断奶日期前4～6天把母猪赶离原圈较远的圈隔离,逐渐减少哺乳次数,如第一天把母猪放回原圈哺乳4～5次,第二天减为3～4次,经3～4天即可断奶,此法称为安全断奶法。

4. 早期断奶 是指仔猪2～6周龄断奶。

现在日本推广"三三制"养猪法,即 30 日龄断奶,30 天人工哺乳,3 个月肥育,共 5 个月体重达 90 千克屠宰。根据我国实际情况,大多一般以 4~5 周龄断奶为好,条件好的可 3 周断奶,早期断奶比传统断奶,每头繁殖母猪可由过去的 1.8~2.0 胎提高到 2.2~2.3 胎,可提高年产仔 2~3 头。每头仔猪增加盈利 50~60 元,每头母猪增加盈利 1 000~1 200 元。

(六)隔离式早期断奶养猪技术

在技术水平较高、猪群质量较好的养猪场可以试行 SEW 养猪技术。SEW 的英文全称是 Segregated Early Weaning,即隔离式早期断奶。

1. SEW 的基本概念 仔猪在母源抗体还起作用时断奶,并在断奶后将仔猪转移到远离母猪的保育场。

SEW 假定了母猪是仔猪群最危险的传染源,研究表明,绝大多数成年母猪和许多进入配种年龄的后备母猪对一些传染病的血清学检验是阳性的。专家认为,对许多疾病,母猪本身是安全的、有免疫力的,但它们却可以使这些疾病在无临床症状的情况下,当初乳的免疫力在仔猪出生后 10~20 天逐渐消失时传播给它的仔猪,因此更早断奶(10~12 天),会使仔猪受到疾病感染的机会大大降低。在表 8-5 所示时间之前断奶被证明是仔猪避免感染的最佳时机。

表 8-5 几种疾病的安全断奶时间

传染病名称	断奶时间(天)
伪狂犬病	21
传染性胸膜肺炎(APP)	21
支原体肺炎(气喘病)	10
多杀性巴氏杆菌病(HPS)	10
嗜血杆菌感染(HPS)	14

续表 8-5

传染病名称	断奶时间(天)
繁殖与呼吸综合征(PRRS)	10
猪霍乱沙门氏菌病	12
传染性胃肠炎(TGE)	21

表 8-6 是猪场之间对几种传染病的安全距离,也是建场选址的主要参考条件。繁殖场、保育场、肥育场除场址、物资、设备使用外,在其他方面也实行严格的自治,按表 8-6 的要求,在建场之初即严格控制各场之间在空间上的距离,这样除能避免疾病通过各种媒介的接触和传播外,各场之间空间上的距离也能有效地阻止车辆、人员、工具、设备的交换,从而最大限度地避免交叉感染。

表 8-6　猪场之间几种传染病的安全距离

疾病名称	安全距离(千米)
支原体肺炎	3.5
繁殖与呼吸综合征	3.5
链球菌病	2.0
猪流感	5.0~7.0
伪狂犬病	42.0
口蹄疫	42.0
传染性胃肠炎	70.0

2. SEW 的基本原则　SEW 通过许多重要手段使猪健康生长,这些手段被认为是 SEW 成功的关键。

在母源抗体的保护仍然有作用时断奶。断奶后的仔猪被运至一个干净的新环境里,在这里与繁殖场绝无相互接触的可能。仔猪在断奶后的关键阶段被提供精心的照顾,用专门的饲料、专门的畜舍饲养,以保证仔猪的正常生长。在最后肥育之前,通过转群再次打断疾病传播链。断奶时间和免疫程序统一由兽医主管控制,兽医通过对猪群的健康状况检查,从而制定免疫计划并决定断奶时间。对断奶猪许多例行免疫也要由兽医主管批准,否则不能操作。对断奶猪按体重分类,根据每周断奶头数制定体重规格标准,将每组猪按不同标准重新分类混群。

八、后备母猪的饲养管理

后备母猪的饲养管理是猪群健康发展的基础,它关系到全场生产力的提高,是工作的重点。

(一)选好后备母猪

在断奶、4月送检、6月送检和配种前进行分期选拔。选择符合本品种特点,无遗传缺陷,生长发育好,体质健壮,检疫合格的幼猪作为后备母猪。

(二)提供良好的饲养环境

要求圈舍清洁卫生、干燥、通风良好、舍温18℃~20℃。每栏4~6头,每头占地面积2.0~2.5米^{2}及以上。

后备母猪前期蛋白质和能量要求高,粗蛋白质18%,能量12.53兆焦/千克;后期要求低,粗蛋白质16%~17%,能量11.72~12.14兆焦/千克。参考配方,玉米61%、麦麸15%、鱼粉1%、豆粕19%、预混料4%。

体重在90~100千克以前的后备母猪,一般采用自由采食的方式喂料,测定结束后,根据体况进行适当限料,防止过肥或过瘦,日喂量2.0~2.5千克。自由采食时日喂3次,限饲时日喂2次。

饲料中钙、磷的含量应足够。后备母猪正是身体发育的阶段,饲喂能满足最佳骨骼沉积所需钙、磷水平的全价饲料,可延长其繁殖寿命。一般,饲料中钙为0.95%,磷为0.80%。

配种前3周开始,为了保证其性欲的正常和排卵数的增加,应适当增加饲料量至3千克左右。

适当饲喂青饲料,可提高后备母猪的消化能力,促进生理功能的正常发挥。提供充足的清洁饮水和光照。有条件的给予户外活动。

(三)采取催情措施,适时配种

1. 诱情与发情 后备母猪达到220～230日龄(7～8月龄)、体重120～130千克可以进行初配。

青年母猪在170～190日龄时应开始诱导发情,方法是让其与成年种公猪每天接触20分钟。每天早、晚要各查情1次,如发现母猪竖耳、拱背、瞪眼、摇尾巴、颤抖、阴门红肿并排出黏液、接受压背试验等,即视为发情。

2. 适时配种 母猪的发情周期为19～24天,平均为21天。发情后在24～36小时排卵,卵子在输卵管内能存活8～12小时;精子在子宫内可保持活力10～20小时。发情的第一个情期不要配种,应在第二或第三个情期配种。一般1个情期配种2次,母猪第二个情期发情后,于20～30小时进行第一次配种,在第一次配种后18～24小时进行第二次配种,每次配种持续10～20分钟。配种时要保持安静,配种后要赶猪走动,但不要让猪只拱背或躺下,以免精液倒流。配种后21天若不再发情,可初步认定已经受胎。

九、保育猪的饲养管理

保育猪是指仔猪断奶后至70日龄左右的幼猪,是从哺乳到独立生活的阶段,是新陈代谢旺盛,生长发育快,也是容易患病的阶段。

(一)坚持自繁自养全进全出的制度

坚持"自繁自养、全进全出"的原则,可以有效地防止从外面购入仔猪而带来传染病的危险。许多疫病往往是由于购入病猪、康复带毒猪或畜产品而引起发生和流行的。如果不是自繁自养,需要外购仔猪饲养时,必须从非疫区选购,并进行严格的检疫,保证健康无病。购入后需隔离观察 45 天以上,确认无病后,方可混群饲养。

(二)定期清洁消毒

仔猪进舍前 1 周应对空舍的门窗、猪栏、猪圈、食槽、饮水器、天棚及墙壁、地面、通道、排污沟、清扫工具等彻底清洗消毒。用高压水枪冲洗 2 次,干燥后用火焰消毒 1 次,再用 1∶400~600 的百菌消(碘酸混合液)或 0.2%过氧乙酸等高效消毒剂反复消毒 3 次,每日 1次,空舍 3 天以上进猪。以后每周至少对舍内消毒 1 次,带猪消毒 2次。要保持猪舍干燥卫生,严禁舍内存有污水粪便,注意通风。

(三)饲喂方法与饲料的过渡

为了使断奶仔猪能尽快地适应断奶后的饲料,减少断奶造成的不良影响,除对哺乳仔猪进行早期强制性补料和断奶前减少母乳(断奶前给母猪减料)的供给,促使仔猪在断奶前就能采食较多补助饲料外,还要使仔猪进行饲料和饲喂方法的过渡。

1. 饲料的过渡 仔猪断奶 1 周之内应保持饲料不变(仍然饲喂哺乳期补助饲料),并添加适量的抗生素、益生素等,以减轻应激反应,1 周之后开始在日粮中逐渐减少哺乳期补助饲料的比例,增加断奶仔猪料的比例。直到过渡到吃断奶仔猪饲料。保育猪饲料,水分低于 13%,粗蛋白质 16%以上,粗纤维 6%以下,钙 0.7%~1.1%,磷0.3%~0.6%。

2. 饲喂方法的过渡 仔猪断奶后 3~5 天最好限量饲喂,平均日采食量为 160 克,5 天后实行自由采食。饲料喂量上,一般采用少喂勤添,做到仔猪吃后不再叫,而食槽中无剩饲料。

(四)合理分群

需合并栏圈时在断奶后 1 周进行,拆大群不拆小群,多向少转移,强向弱转移。要求在傍晚进行。对合并猪群喷洒带气味的无毒溶液。每栏猪 8~12 头,每头占地面积 0.3~0.4 米²。

(五)调 教

新断奶转群的仔猪采食、卧位、饮水、排泄区尚未形成固定位置,对仔猪的调教主要是训练仔猪定点排便、采食和睡卧的"三点定位",这有利于保持圈内干燥和清洁卫生。

(六)免疫、驱虫

仔猪 60 日龄注射猪瘟(第二次免疫)、猪丹毒、猪肺疫和仔猪副伤寒等疫苗。

仔猪阶段(45 日龄前)猪体质较弱,是寄生虫的易感时期,每 10 千克猪体重用阿维菌素或伊维菌素粉剂(每袋 5 克,含阿维菌素或伊维菌素 10 毫克)1.5 克拌料内服。或口服左旋咪唑,每千克体重 8 毫克。

十、生长肥育猪的饲养管理

(一)合理分群,全进全出

对于生长肥育猪应当采取群饲,不仅可以提高肥育猪的劳动效率,降低成本,并且可以使肥育猪群由于共槽采食,形成争食现象,从而提高猪的食欲,使猪只吃得多,肥育得快。但是,为了防止发生强夺弱食,影响弱猪的增重。因此,必须进行合理的分群。

根据群众的经验,分群应掌握以下原则:①实行"三拨分群",所谓"三拨"是在猪的断奶、小架子和中架子3个不同的发育阶段,把体质、体重、性格、吃食快慢等方面相近似的猪,合群喂养。②同一群猪的体重相差不宜太大。③对于群内个别性情暴躁或过于瘦弱的猪,应当挑出来另行饲养。④每次分群后,经过一段时间的饲养,还会发生体重不匀的现象,应及时调整转群。⑤进行并群时,为了避免猪只打架、咬伤,应当采用"留弱不留强"、"拆多不拆少"、"夜并昼不并"的方法。也就是说,应当把头数少而强的猪并入头数多而弱的猪群内,或把猪少的群留在原圈,把猪多的群并入小群。并群最好在夜间进行。每猪群的数量,应根据猪舍设备、机械化程度、猪群状况等方面的情况来确定。

如果猪场能够做到全进全出,有利于彻底消毒,便于控制传染病,从而降低这些负面影响给猪场带来的不必要损失。

(二)饲喂方式

生长肥育猪体重20～60千克,自由采食,有利于日增重;60千克以后采取限饲,有利于提高饲料转化率和胴体瘦肉率(表8-7)。饲喂应定时、定量、定质、定温。每天喂2～3次。

表 8-7　肉猪后期限食对胴体和增重的影响

	胴体瘦肉率(%)	日增重(克)
自由采食(100%日粮)	39.95	1009
中等限食(75%日粮)	41.51	781
高等限食(65%日粮)	43.03	669

要根据猪的食欲情况和生长阶段随时调整喂量,每次饲喂掌握在八九成饱为宜,也有的以添完料后20分钟猪能吃完为标准,没吃完说明添的料过多,提前吃完说明添的料过少。使猪在每次饲喂时

都能保持旺盛的食欲。饲料的种类和精、粗、青比例要保持相对稳定，不可变动太大，变换饲料时，要逐渐进行。

饲料以生料为主，因为生料未经加热，营养成分没有遭到破坏，因而用生料喂猪比用熟料喂猪效果好，节省煮熟饲料的燃料，减少饲养设备，节约劳动力，提高增重率，节约饲料。

肥育猪饲料可参考表 8-8，生长肥育猪饲料给量参考表 8-9。

表 8-8 肥育猪饲料配方

项　　目	1	2	3	4
玉米(%)	73.31	57.41	36.30	57.68
大麦(%)	—	20.13	—	—
高粱(%)	—	—	40.35	—
小麦(%)	—	—	—	8.5
统糠(%)				
细米糠(%)	5.02	4.02	—	9.71
麦麸(%)	4.09	—	5.19	10.12
豆粕(%)	—	—	5.25	—
大豆(%)	2.92	5.82	—	—
棉籽粕(%)	6.43	5.45	5.67	—
蚕蛹(%)	—	—	—	—
菜籽粕(%)	5.85	4.77	4.72	11.24
油脂(%)	—	—	—	—
碳酸钙(%)	0.53	0.43	0.53	0.67
磷酸氢钙(%)	0.86	1.02	0.96	1.03
食盐(%)	0.30	0.30	0.30	0.30
预混料(%)	0.30	0.30	0.30	0.30

续表 8-8

项 目	1	2	3	4
复合多维(%)	0.30	0.30	0.30	0.30
赖氨酸(%)	0.16	0.12	0.19	0.21
蛋氨酸(%)	—	—	0.01	0.01
碳酸氢钠(%)	0.20	0.20	0.20	0.20
营养指标				
消化能(兆焦/千克)	13.38	13.38	13.38	13.38
粗蛋白质(%)	13	13	13	13
钙(%)	0.52	0.52	0.52	0.52
磷(%)	0.5	0.5	0.5	0.5
赖氨酸(%)	0.6	0.6	0.6	0.6
蛋氨酸(%)	0.19	0.19	0.19	0.19
蛋氨酸+胱氨酸(%)	0.61	0.53	0.50	0.67
色氨酸(%)	0.13	0.13	0.13	0.13

表 8-9 生长肥育猪饲料给量

体 重 (千克)	每日每猪给料量 (千克)	体 重 (千克)	每日每猪给料量 (千克)
22~20	0.7~0.9	65	2.4
26	1.0	70	2.5
30	1.3	75	2.6
34	1.5	80	2.6
38	1.7	85	2.6
43	1.	90	2.7

续表 8-9

体 重 （千克）	每日每猪给料量 （千克）	体 重 （千克）	每日每猪给料量 （千克）
48	2.1	95	2.8
53	2.2	100	2.8
59	2.3	105	2.8

（三）环境要求

要求圈栏清洁干燥、通风良好、温度适宜（最适温度 15℃～23℃，临界温度为 13℃～27℃）；相对湿度 65%～75%，临界相对湿度为 50%～85%。

每栏 8～10 头。生长猪每头占地面积为 0.6～0.9 米^2，肥育猪为 0.8～1.2 米^2。

供应充足的清洁饮水。

（四）防病保健

猪只从保育舍转群到育肥舍后，可在饲料中连续添加 1 周的药物，如每吨饲料中添加 80% 支原净 125 克、1.5% 金霉素 2 千克或 10% 多西环素 1.5 千克，可有效控制转群后感染引起的败血症或肥育猪的呼吸道疾病。此药物组合还可预防甚至治疗猪痢疾和结肠炎。

同时，为增强仔猪胃肠适应能力，可在饲料中添加 0.5%～1.0% 的酵母粉或小苏打粉。也可在饲料中添加大蒜素或大蒜粉，效果相当好。

（五）适当运动和充分休息

肥育除了催肥期的最后 1～2 个月需要限制活动外，均应给予适当的运动,以增强猪体的健康,提高食欲,促使骨骼、肌肉得到充分的生长发育,在催肥期,应让猪吃饱后,躺在光线稍暗而又安静的地方,使它充分休息,以减少热能消耗,以利肌内脂肪的沉积。

(六)称　重

肥育期间要做到按期称重,一方面可以计算饲养成本;另一方面可以检查猪只的增重情况,以便对增重缓慢的猪群及时分析原因,并采取改进措施。称重的时间应选在早晨空腹进行。

(七)适时出栏屠宰

屠宰体重不但影响胴体瘦肉率,而且关系着猪肉质量及养猪的经济效益。猪的体重越大,膘越厚,脂肪越多,瘦肉率越低,肥育时间长,饲料转化率低,经济效益越差。现在普遍饲养的瘦肉型品种,一般在5～6月龄时体重可达90～110千克为最佳出栏体重。本地品种应在75～85千克屠宰较好,瘦肉率较高。

十一、室外养猪管理要点

室外养猪的场所应设在易于排水和不受洪水影响的地方。沙土、沙砾和石灰性为主的土壤较好,不应选择黏土和泥沙性土壤。

产仔的棚舍应建在地势平坦、避免有陡坡的地方。应为猪只提供适应当地气候的圈舍。应提供适宜的垫草,保证温暖舒适。每公顷土地上放养母猪的数量不应超过30头。在养猪和饲料存放场所的周围,应对所有害虫和食肉动物进行控制。应配备训导区域使新转群的母猪、公猪适应带电圈栏。在炎热季节提供保持凉爽的设施。母猪产仔时在温度适宜,无风的棚屋内进行。产仔的棚屋应有干燥清洁的垫草。产仔棚屋和断奶仔猪的活动场所应在每个使用周期后进行清洁消毒。用过的垫草应更换或焚烧。应采取措施,防雷电、防暴风雨和暴风雪。

第九章　无公害生猪生产新要求

无公害生猪生产是食品安全的重要内容之一。它关系到广大城乡人民的健康,要采取综合措施,确保生猪与猪肉安全。

一、生产无公害生猪与猪肉的意义

无公害生猪生产是指对人的生命、身体健康无损害,生产过程对环境无污染,符合国家标准或行业标准。

优质安全生猪与猪肉生产是一个系统工程,牵涉到猪的品种,饲养过程中使用的饲料、饲料添加剂、饮水、药品的使用与管理、疾病控制、环境质量控制等诸方面。国家已颁布了一系列的法规和政策,如《兽药管理条例》和《饲料和饲料添加剂管理条例》,目前已制定出《无公害食品——猪肉》的行业标准 NY 5029—2008,依照国家的法规和政策制定高标准的技术、管理措施,并严格实行,安全猪肉生产才有保障,任何一个环节出现问题,都势必影响猪肉安全。

这项工作由政府主管部门具体组织推动,形成一系列的追回监督体系。坚决惩治各种危害食品安全的行为。

二、肉质测定

肉的颜色:有客观仪器测定和主观评分两大类。以最后胸椎处背最长肌的新鲜切面为代表。主观评分法通用 5 级制评分肉色:1 分为灰白色(PSE 肉);2 分为轻度灰白色(倾向 PSE 肉色);3 分为鲜红色(正常肉色);4 分为稍深红色(正常肉色);5 分为暗红色(DFD

肉色)。

肌肉 pH 值:肌肉 pH 值是反映宰杀后猪体内肌糖原酵解速率的重要指标,也是判定正常和异常猪肉的重要依据。用普通酸度计在胴体最后胸椎部背最长肌中测定,宰杀后 45 分钟时测定的 pH 值记录为 pH_1。优质猪肉 pH_1 为 6~7。灰白水样肉(PSE)的 pH 值为 5.1~5.5。

肌肉的保水力也叫系水力(WHC):它与肉的滋味、香气、多汁性、嫩度、色泽等食用品质有关。目前多采用压力法,即在靠近最后肋骨处的背最长肌取一块厚 1.0 厘米、直径为 2.5 厘米的肉块,放在压力仪上用 35 千克的压力挤压 5 分钟,称量该样本被挤压前后的重量,求其所失水分之比例,为该样品的失水率(%)。1-失水率(%)=保水力(%)。正常猪肉失水率(%)在 30% 以下,优质猪肉系水力在 76% 以上。

肌内脂肪含量:这个指标与肉的嫩度、多汁性、口味有很大的相关性。通常用乙醚抽提法。优质猪肉的肌内脂肪含量在 3% 以上。

大理石纹:大理石纹是指一块肌肉范围内,可见的肌内脂肪纹理的分布情况,并以最后胸椎处背最长肌横断面为代表,用目测评分法评定。只有痕迹评 1 分,微量评 2 分,少量评 3 分,适量评 4 分,过量评 5 分。目前暂用大理石纹评分标准图评定。如果评定鲜肉样时不清楚,可以放置冰箱中于 4℃ 左右保存 24 小时后再行评分。

肌肉的嫩度:目前,国内通常用陈润生(1987)研制的嫩度计来测定,以剪切力(千克)来表示。用直径为 1.27 厘米的圆形取样器对煮熟后的背最长肌肉块切取肉样,放在嫩度计上剪切。所得数据即为剪切力。优质猪肉的剪切力在 4 千克以下。

熟肉率:采取完整的大腰肌,用感应量为 0.1 克的天平称重、放置沸水中煮 45 分钟,取出后吊挂于室内无缝阴凉处,30 分钟后再称重,两次称重的比例即为熟肉率,其计算公式为:

$$熟肉率(\%) = \frac{煮熟后肉样重}{煮前肉样重} \times 100$$

化学成分：从第二至第五腰椎处，取背最长肌中心部位肉样100克左右，进行常规化学分析。测定其干物质、蛋白质和脂肪等的含量百分比。蛋白质中的氨基酸和脂肪的颜色、碘值、皂化值等。

组织学评定：在最后第二胸椎处取背最长肌中心部分肉样一小块，用石蜡包埋法，按组织学操作常规进行切片，测定肌纤维的直径和数量以及肌大束和肌小束之间的脂肪颗粒分布等。

品味评定：邀请有经验人员对肉样经无盐水白煮或其他同样加工处理法进行色、香、味和嫩度等的综合评定。

三、无公害猪肉的理化指标和微生物指标

（一）理化指标

无公害猪肉理化指标应符合表 9-1 规定。

表 9-1　无公害猪肉理化指标

项　目		指　标
解冻失水率（%）	≤	8
挥发性盐基氮（毫克/100 克）	≤	15
汞（以 Hg 计，毫克/千克）	≤	按 GB 2707（0.05）
铅（以 pb 计，毫克/千克）	≤	0.50
砷（以 As 计，毫克/千克）	≤	0.50
镉（以 Cd 计，毫克/千克）	≤	0.10
铬（以 Cr 计，毫克/千克）	≤	1.0
六六六（毫克/千克）	≤	0.10
滴滴涕（毫克/千克）	≤	0.10
金霉素（毫克/千克）	≤	0.10

续表 9-1

项　目		指　标
土霉素（毫克/千克）	≤	0.10
氯霉素		不得检出
磺胺类（以磺胺类总量计,毫克/千克）	≤	0.10
伊维菌素（脂肪中,毫克/千克）	≤	0.02
盐酸克伦特罗		不得检出

（二）微生物指标

无公害猪肉微生物指标应符合表 9-2 规定。

表 9-2　无公害猪肉微生物指标

项　目		指　标
菌落总数（cfu/克）	≤	1×10^6
大肠杆菌（MPN/100 克）	≤	1×10^4
沙门氏菌		不得检出

（三）感官指标

无公害猪肉感官指标应符合表 9-3。

表 9-3　无公害猪肉感官指标

项　目	鲜猪肉	冻猪肉
色　泽	肌肉有光泽,红色均匀,脂肪乳白色	肌肉有光泽,红色或稍暗,脂肪白色

续表 9-3

项　目	鲜猪肉	冻猪肉
组织状态	纤维清晰,有坚韧性,指压后凹陷立即恢复	肉质紧密,有坚韧性,解冻后指压凹陷恢复较慢
黏　度	外表湿润,不黏手	外表湿润,切面有渗出液,不黏手
气　味	具有鲜肉固有的气味,无异味	解冻后具有鲜猪肉固有气味,无异味
煮沸后肉汤	澄清透明,脂肪团聚于表面	澄清透明或稍有浑浊,脂肪团聚于表面

(四)卫生指标

无公害猪肉卫生指标应符合表 9-4。

表 9-4　无公害猪肉卫生指标

项　目	指标
挥发性盐基氮(毫克/100 克)　≤	20
汞(以 Hg 计,毫克/千克)　≤	按 GB 2762(0.05)

四、生产无公害生猪与猪肉的主要技术措施

(一)专业术语解释

1. 净道　猪群周转、饲养员行走、场内运输饲料的专用道路。

2. 污道　粪便等废弃物外销猪出场的道路。

3. 猪场废弃物　主要包括猪粪、尿、污水、病死猪、过期兽药、残余疫苗和疫苗瓶。

4. 全进全出制　同一猪舍单元只饲养同一批次的猪、同批进出

的管理制度。

（二）猪场环境

猪舍应建在地势高燥、排水良好、易于组织防疫的地方，场址用地应符合当地土地利用规划的要求。猪场周围3千米无大型化工厂、矿场，以及皮革、肉品加工、屠宰场或其他畜牧场污染源。

猪场距离干线公路、铁路、城镇、居民区和公共场所1千米以上，猪场周围有围墙或防疫沟，并建立绿化隔离带。

猪场生产区布置在管理区的上风向或侧风向处，污水粪便处理设施和病死猪处理区应在生产区的下风向或侧风向处。

场区净道与污道分开，互不交叉。

推荐实行小单元式饲养，实施"全进全出制"饲养工艺。

猪舍应能保温隔热，地面和墙壁应便于清洗，并能用耐酸、碱等消毒药液清洗消毒。

猪舍内温度、湿度环境应满足不同生理阶段猪的需求。

猪舍内通风良好，空气中有毒有害气体含量应符合要求。

饲养区内不得饲养其他畜禽动物，如猫、犬、观赏鸟等。

猪场应设有废弃物贮存设施，防止渗漏、溢流、恶臭对周围环境造成污染。

（三）引　种

需要引进种猪时，应从具有政府主管部门颁发的种猪经营许可证的种猪场引进，并进行严格检疫。隔离检疫45天后方可并入猪群。

只进行肥育的生产场，引进仔猪时，应首先从达到无公害标准的猪场引进。

引进的种猪，隔离观察45天，经兽医检查确定为健康合格后，方可供繁殖使用。

不得从疫区引进种猪。实践证明,完全采用引进国外瘦肉型猪种为亲本进行二元、三元杂交,生产杂交商品瘦肉猪的繁育体系是很难达到优质瘦肉猪标准的。只有充分利用地方猪种资源,饲养含有一定地方猪种血缘的二元或三元杂种母猪,才能在繁殖性能和肉质上达到要求目标。1 头体重 90 千克的"二外一土"的三元杂交商品瘦肉猪,其胴体瘦肉率多在 56% 左右,可产瘦肉 36 千克左右,虽然比"外三元"的 40 千克少 4 千克,但猪肉品质上却优于"外三元"猪。

根据曾勇庆等对莱芜猪的测定,随着外血(大约克夏猪)的血缘比例的增加,肉质逐步变劣。

(四)饲养条件

加强饲料的生产、采购、检查分析、贮藏、加工等环节的基础设施和岗位生产责任制,确保饲料安全。

1. 饲料和饲料添加剂 饲料原料和添加剂应符合 NY 5032—2006 要求。在猪的不同生长时期和生理阶段,根据营养需求,配置不同的配合饲料。营养水平不低于有关标准要求,严禁给育肥猪使用高铜、高锌日粮,建议参考使用饲养品种的饲养手册标准。禁止在饲料中额外添加 β-兴奋剂、镇静剂、激素类、砷制剂。使用含有抗生素的添加剂时,在商品猪出栏前,按有关准则执行休药期。不使用变质、霉败、生虫或被污染的饲料,不应使用未经无害化处理的泔水及其他畜禽副产品。

日粮营养是养猪生产的物质基础,采取合理的营养水平,不仅确保日粮能量蛋白质的供应,同时满足各种氨基酸、维生素、微量元素的供应。

饲料是养猪安全的源头物质,从饲料源头抓起,是生产优质安全猪肉的基础。选择优质饲料制定饲料原料质量标准,严格按标准采购优质原料。如玉米,水分≤14%、杂质≤1%、黄曲霉毒素≤50×10^{-9}、粗蛋白质≥7.8%,籽粒饱满整齐,无任何特定霉菌,无虫蚀。豆粕,水分≤12.5%、粗蛋白质≥43%、脲酶活性 0.05~0.30,颜色金黄色或黄褐色一致,无焦糊,无异味,无结块,无虫蚀。鱼粉(秘鲁),水分≤10%、粗蛋白质≥60%、钙≤8%、食盐≤3.5%、杂质(砂粒)≤2%,正常无焦糊味,无异臭,无掺假,无致病菌,无结块。麸皮,水分≤12.5%、粗蛋白质≥14%、片状、淡褐色至黄褐色,无虫蛀、发热、结块现象,无发酸、发霉味道。磷酸氢钙,钙≥24%、磷≤17%、氟0.18%、铅≤0.003%、砷≤0.004%,细度95%通过500微米筛孔。石粉(轻质碳酸钙),钙≥38%、铅≤0.003%、砷≤0.002%,无结块。

饲料入库后,要做好防潮、防霉、防鼠等项工作,对霉变的饲料及时处理,严禁用来喂猪,但可饲养黄粉虫。先入库房的原料先加工使用。

合理搭配,科学饲喂。根据猪的不同类别及其生产性能选择饲喂不同的饲料种类,同时做到先加工的成品料先行使用。

在饲喂过程中,要做到让猪吃净吃饱,不过量、不剩料,下顿保持旺盛食欲。实行自由采食时,食槽不留隔夜料。经常清刷食槽,防止饲料在食槽中霉变。

饮水经常保持有充足的清洁饮水。经常清洗消毒饮水设备,避免细菌滋生。

免疫,按程序进行免疫,免疫用具在免疫前后应彻底消毒。剩余或废弃的疫苗以及使用过的疫苗瓶要做无害化处理,不得乱扔。

2. 兽药使用 保持良好的饲养管理条件,尽量预防疾病的发生,减少药物的使用量。

仔猪、生长猪必须治疗时,药物的使用要符合 NY 5030—2006 要求。

肥育后期的商品猪,尽量不使用药物,必须治疗时,根据所用药物执行休药期,达不到休药期的不能作为无公害生猪出栏。

发生疾病的种公猪、种母猪必须用药治疗时,在治疗期或达不到停药期的不能作为食用猪出售。

（五）卫生消毒

1. 消毒药 消毒药要选择对人和猪安全、没有残留毒性、对设备没有破坏，不会在猪体内产生有害积累的消毒药，选用的消毒药应符合规定。

2. 消毒方法

(1)喷雾消毒 用0.1%次氯酸盐、1∶500过氧乙酸、0.1%新洁尔灭溶液等，用喷雾装置进行喷雾消毒，主要用于猪舍清洗完毕后的喷洒消毒、带猪消毒、猪场道路和周围以及进入场区的车辆消毒。

(2)浸液消毒 用0.1%新洁尔灭或2%煤酚皂的水溶液，进行洗手、洗工作服或胶靴。

(3)熏蒸消毒 每立方米用40%甲醛溶液（福尔马林）42毫升、高锰酸钾21克，21℃以上温度、70%以上相对湿度，封闭熏蒸24小时，甲醛熏蒸猪舍应在进猪前进行。

(4)紫外线消毒 在猪场入口、更衣室，用紫外线灯照射，可以起到杀菌效果。

(5)喷洒消毒 在猪舍周围、入口、产床和培育床下面喷洒10%～20%生石灰水或2%火碱溶液，可以杀死大量细菌或病毒。

(6)火焰消毒 用酒精、汽油、柴油、液化气喷灯，在猪栏、猪床等猪只经常接触的地方，用火焰依次瞬间喷射，对产房、培育舍使用效果更好。

3. 消毒制度

(1)环境消毒 猪舍周围环境每2～3周用2%火碱消毒或撒生石灰1次；场周围及场内污水池、排粪坑、下水道出口，每月用漂白粉消毒1次。在大门口、猪舍入口设消毒池，注意定期更换消毒液。

(2)人员消毒 工作人员进入生产区净道和猪舍要经过洗澡、更衣、紫外线消毒。

严格控制外来人员，必须进生产区时，要洗澡、更换场区工作服和工作鞋，并遵守场内防疫制度，按指定路线行走。

(3)猪舍消毒 每批猪只调出后,要将猪舍彻底清扫干净,用高压水枪冲洗,然后进行喷雾消毒或熏蒸消毒。

(4)用具消毒 定期对保温箱、补料槽、饲料车、料箱、针管等进行消毒,可用 0.1%新洁尔灭或 0.2%～0.5%过氧乙酸消毒,然后在密闭的室内进行熏蒸。

(5)带猪消毒 定期进行带猪消毒,有利于减少环境中的病原微生物。可用于带猪消毒的消毒药有:0.1%新洁尔灭、0.3%过氧乙酸、0.1%次氯酸钠。

(六)饲养管理

1. 人员 饲养员应定期进行健康检查,传染病患者不得从事养猪工作。场内兽医人员不准对外诊疗猪及其他动物的疾病,猪场配种人员不准对外开展猪的配种工作。

2. 饲喂 饲料每次添加量要适当,少喂勤添,防止饲料污染腐败。根据饲养工艺进行转群时,按体重大小强弱分群,分别进行饲养,饲养密度要适宜,保证猪只有充足的躺卧空间。每天打扫猪舍卫生,保持食槽、水槽用具干净,地面清洁。经常检查饮水设备,观察猪群健康状态。

(七)运 输

商品猪上市前,应经兽医卫生检疫部门检疫,并出具检疫证明,合格者方可上市屠宰。运输车辆在运输前和使用后要用消毒液彻底消毒。运输途中,不应在疫区、城镇和集市停留、饮水和饲喂。

(八)病、死猪处理

需要淘汰、处死的可疑病猪,应采取不会把血液和浸出物散播的方法进行扑杀,传染病猪尸体应封闭处理。

猪场不得出售病猪、死猪,也不能从场外购猪肉及猪制品。

有治疗价值的病猪应隔离饲养，由兽医进行诊治。

（九）废弃物处理

通过高温消毒和生物发酵将猪场废弃物实行减量化、无害化、资源化原则。

粪便经堆积发酵后应作农业用肥或生产沼气、沼气发电等。

猪场污水应经发酵，沉淀后才能作为液体肥使用。

（十）猪场鼠害和蚊蝇的防治

老鼠不仅偷食大量饲料，损坏农作物和各种用具，还能传播鼠疫、地方性斑疹伤害等烈性人兽共患传染病。无论对人、对生产都有很大的危害。设法消灭鼠害已是当务之急。

猪场为猪群准备了全价饲料和清洁饮水以及适宜的住所，同时也为老鼠的栖息、生活、繁衍准备了条件。相当一部分猪场成为老鼠的乐园，猪、鼠争食状况严重。

1. 猪场鼠害的控制措施

（1）提高认识　全场总动员，群策群力，把灭鼠任务落实到单位和个人，奖励先进。

（2）坚持不懈　全年365天不间断灭鼠。

（3）捕杀　用一切有效的捕鼠工具，如采取压（石板、支架压板下放食饵）、关（用各种捕鼠笼，特别是新式捕鼠笼）、夹（鼠夹子）、扣（把抽屉、脸盆翻过来支起，下面放上食饵）、淹（把老鼠诱至水缸、水桶中淹死）或粘（粘鼠板）等简单易行的办法。大力推广电子捕鼠器。

（4）毒杀　选用国家推荐的灭鼠剂。我国目前使用的灭鼠剂划分为推荐、控制和禁止3类。禁止使用的灭鼠剂为氟乙酸钠、氟乙酰胺、毒鼠强、甘氟、鼠立死等；控制使用的灭鼠剂为毒鼠磷、溴化毒鼠磷、磷化锌等；推荐使用的灭鼠剂为灭鼠灵、杀鼠醚、敌鼠钠盐、溴敌隆、大隆等。禁止类急性灭鼠剂毒性强，对人体及畜禽危害大，效果不好；控制类灭鼠剂可污染环境，残留时间长，二次中毒问题严重；推荐类灭鼠剂毒性低，对人体及畜禽相对较安全，杀灭效果好。因此，猪场应使用国家推荐的灭鼠剂。

多种毒鼠药均可杀灭老鼠，国家推荐的灭鼠剂都是第一代或第二代抗凝血灭鼠剂。第一代抗凝血灭鼠剂如敌鼠钠盐、灭鼠灵、杀鼠醚、杀鼠酮、氯敌鼠等，这些灭鼠剂的主要缺点是中毒老鼠有不适症状，容易发出中毒警示，易引起鼠类拒食；对哺乳动物容易产生二次中毒，对人畜猫狗等不安全；由于长期使用，老鼠已产生抗药性。第二代抗凝血灭鼠剂如溴敌隆、大隆、硫敌隆等，毒力相对较强；对第一代灭鼠剂有抗药性的鼠也能被杀灭；其突出的优点是药效作用缓慢，鼠类摄食后 5 天内没有任何不适，可反复多次摄食，最终达到蓄积中毒致死；没有任何特别的气味，不会使老鼠产生记忆或拒食；不会产生二次中毒，可减少非靶动物误食中毒，对人、畜相对安全。对猪场最好同时选用两种灭鼠剂，分别配制，同时投放，这样可防止老鼠对某种药物的不敏感。

选择的饵料载体以易于干燥、老鼠喜欢啃噬、利于在野外长期保存、不污染环境、对猪无生物安全威胁、价格低廉的食物为好，比如稻谷。按毒饵的使用说明书的量增加灭鼠药约 30% 进行配制，因小家鼠对毒物的耐药力稍大而每次取食量小，所以浓度应比杀灭褐家鼠要高，才能把猪场内的各鼠种杀灭。毒饵按说明进行稀释配制后要浸泡 24 小时以上，再晒干或烘干，以使药物能浸透到载体内部；可选用诱食剂，但诱食剂的品种不能经常更换，以防止老鼠产生警觉而不食。配制、贮存、使用的全过程都要保证毒饵新鲜，将毒饵放在鼠道、鼠洞边或老鼠常去之地，不留死角，在灭鼠区域全面投放。每 7～10 天投放 1 次。投放数量要充足，按时检查，如已吃完要及时补充。一次投放 20 克左右，堆间距离为 2 米，不超过 3 米。投放位置选择干净、干爽、比较隐蔽之处。

毒鼠药必须和食物严格分开，防止食物中毒；要专人负责投放、收集，加强管理，防止小孩或家畜、家禽误食。

　　操作过程中,工作人员要戴手套和口罩,不能吸烟、吃东西;投放位置要远离家畜、家禽和小朋友玩耍之地。人不能食用不明死亡原因的畜禽。对死鼠要及时收集,做无害化处理,防止其他动物食用死鼠而中毒。

　　(5)清与堵　经常进行卫生打扫,扫荡老鼠的栖息地。同时,寻找鼠洞,用砖头、石块水泥等坚硬物将鼠洞堵死、砸实。

　　(6)封闭　将所有饲料封存,修好门、窗、地网等;使老鼠很难接触饲料;猪舍内不留过夜饲料;采取措施,使老鼠喝不到水,以利于水淹老鼠。

　　(7)烟熏　在鼠洞口塞入硫黄、辣椒及有毒植物,点燃后封堵严实;还可以用机械办法将气体注入洞内。

　　(8)浇灌　对附近田间野鼠,可以结合秋收夺粮、挖洞扑灭的方法,也可用灌水方法将老鼠淹死,或将逃出的老鼠捕杀。

　　(9)高度重视灭鼠工作　要使灭鼠工作制度化,有目标、有经费、有措施、有考核,使灭鼠工作可操作性、可持续性地坚持到底,一定能把猪场鼠害的阳性率控制在 5% 以内。

　　2. 灭蝇措施　以封闭人畜粪便和垃圾为主,药物为辅,全面开展灭蝇工作。

　　3. 灭蚊工作　及时封闭粪尿沟,防止各种容易积水,清除垃圾,封闭树洞,辅以药物喷杀,认真做好灭蚊工作。

五、休 药 期

　　建立休药期的目的,是要通过这段间隔期,将药物残留排出体外,确保肉品安全。

　　休药期应遵守 NY 5030—2006 规定。附录中未规定休药期的品种,休药期不应少于 28 天。建立并保存免疫程序记录;建立并保存全部用药记录;治疗用药记录包括生猪编号、发病时间及症状。治疗用药物名称(商品名及有效成分)、给药途径、给药剂量、疗程、治疗时间等；预防或促生长混饲给药记录包括药品名称（商品名及有效成分）、给药剂量、治疗等。

　　禁止使用未经国家畜牧兽医行政管理部门批准的用基因工程方法生产的兽药。禁止使用未经农业部批准或已淘汰的兽药。

参考文献

[1]　山西农学院、江苏农学院．养猪学(全国高等农林院校试用教材)[M]．北京：农业出版社，1982.

[2]　韩俊文．养猪学(全国高等农林专科统编教材)[M]．北京：中国农业出版社，1999.

[3]　中国标准出版社第一编辑室．中国农业标准汇编(畜禽卷)[M]．北京：中国标准出版社，2002.

[4]　中华人民共和国行业标准(无公害食品)[M]．北京：中国标准出版社，2001.

[5]　朱尚雄．中国工厂化养猪[M]．北京：科学出版社，1990.

[6]　陈健雄．网络时代种猪企业的营销策略(中国工厂化养猪研究进展论文集)[C]，2002，47-53.

[7]　王林云．对中国地方猪遗传资源的再认识(山东养猪内部交流)[C]，2013.

[8]　亦戈．养猪管理智能化(山东养猪内部交流)[C]，2013.

[9]　张荣波，李焕烈．我国养猪机械设备发展情况方向及前景[J]．现代化养猪，2011(2)：2-11，25-30.

[10]　李焕烈，许炳林．健康猪场建设的饲养工艺设计[J]．现代化养猪，2013(2)：16-20.

[11]　王林云．探讨我国养猪生产发展的新模式[J]．现代化养猪，2013(3)：8-10.

[12]　张伟力，殷宗俊．论巴克夏在中国养猪生产中的战略地

位[J].猪业科学,2008(9):70-73.

[13] 徐锡良.20世纪山东猪种[M].济南:山东科学技术出版社,2004.

[14] 亦戈.养猪管理智能化(山东养猪内部交流)[C],2013.

[15] 王振来,杨芳女,钟艳玲.生猪[M].北京:中国农业大学出版社,2005.

[16] 芦惟本,周伟,黄川.评定位栏饲养模式的历史使命("诸美杯"全国规模化养猪论文大赛优秀论文集)[C],2008,17-22.

[17] 张心如,等.中国养猪业的发展道路[J].养猪,2013(2),9-15.

[18] 孙德林.互联网在中国养猪业上的应用(中国工厂化养猪研究进展论文集)[C],2002,56-59.

[19] 邓振强.浅谈 ISO 9000 标准与现代化养猪企业(中国工厂化养猪研究进展论文集)[C],2002,62-65.

[20] 邓志欢,等.瘦肉型猪无公害标准化生产技术研究初报("诸美杯"全国规模化养猪论文大赛优秀论文集)[C],2008,23-30.

[21] 李铁坚.养猪实用新技术[M].北京:中国农业大学出版社,1999.

[22] 李铁坚.节粮高效养猪新技术[M].北京:中国农业出版社,2012.

[23] 李铁坚.生态高效养猪技术[M].北京:化学工业出版社,2013.

[24] 中华人民共和国国家标准.生猪控制点与符合性规范(GB/T 20014.9—2008),2008.

[25] 中华人民共和国国家标准.仔猪、生长肥育猪配合饲料(GB/T 5915—2008),2008.

［26］　中华人民共和国国家标准.《标准化工作守则第一部分：标准的结构与编写》GB/T 1.1.

［27］　王连纯,等. 养猪与猪病防治［M］. 北京：中国农业大学出版社，2009.